建设工程工程量清单计价与投标详解系列

园林工程工程量清单
计价与投标详解

袁旭东　主编

中国建筑工业出版社

图书在版编目（CIP）数据

园林工程工程量清单计价与投标详解/袁旭东主编．
北京：中国建筑工业出版社，2013.10
（建设工程工程量清单计价与投标详解系列）
ISBN 978-7-112-15672-6

Ⅰ．①园…　Ⅱ．①袁…　Ⅲ．①园林—工程施工—
工程造价②园林—工程施工—投标　Ⅳ．①TU986.3

中国版本图书馆 CIP 数据核字（2013）第 177101 号

本书以《建设工程工程量清单计价规范》（GB 50500—2013）、《园林绿化工程工程量计算规范》（GB 50858—2013）、《中华人民共和国招标投标法实施条例（2012 年）》等最新法规、规范、标准为依据，全面地阐述了园林工程清单计价的编制以及招投标，并在相关章节的后面还增设了例题，便于读者进一步理解和掌握相关知识。

本书适用于园林工程招投标编制、工程预算、工程造价及项目管理工作人员使用。

您若对本书有什么意见、建议，或您有图书出版的意愿或想法，欢迎致函 zhanglei@cabp.com.cn 交流沟通！

＊　　　＊　　　＊

责任编辑：岳建光　张　磊
责任设计：李志立
责任校对：王雪竹　赵　颖

建设工程工程量清单计价与投标详解系列
园林工程工程量清单计价与投标详解
袁旭东　主编

＊

中国建筑工业出版社出版、发行（北京西郊百万庄）
各地新华书店、建筑书店经销
北京永峥排版公司制版
北京市密东印刷有限公司印刷

＊

开本：787×1092 毫米　1/16　印张：15½　字数：376 千字
2013 年 9 月第一版　2013 年 9 月第一次印刷
定价：39.00 元
ISBN 978-7-112-15672-6
（24253）

《园林工程工程量清单计价与投标详解》
编 委 会

主　编　袁旭东

参　　编　（按姓氏笔画顺序排列）

马文颖　　王永杰　　白海军　　白雅君

刘卫国　　李春娜　　宋巧琳　　张黎黎

陈　达　姜　媛　夏　欣　陶红梅

韩艳艳

前　　言

随着我国国民经济的协调、健康、快速发展，人类对生存环境的质量要求越来越高，园林绿化作为生态环境建设的重要组成部分和提高人类生存环境的重要凭借手段，越来越受到环境建设者的重视，而园林绿化工程造价的计算与招标和投标是园林绿化工程项目实施中的重要内容与环节。因此，需要大批具有扎实的理论基础、较强的实践能力的园林绿化工程建设管理和技术人才。同时，随着与国际市场的接轨，我国的工程造价管理模式也在不断演进，建设工程造价的计价方式也经历了三次重大的变革，从原来的定额计价方式转变为"2003清单计价"，又转换为"2008清单计价"，目前已更新为"2013清单计价"。基于上述原因，我们组织编写了此书。

全书共分七章，内容包括工程量清单计价基础，园林工程造价，园林工程工程量计算，园林工程招标，园林工程投标，园林工程开标、评标与定标，园林工程结算与竣工决算。本书内容由浅入深，从理论到实例，涉及内容广泛，编写体例新颖，方便查阅，可操作性强，适用于园林工程预算、工程造价、工程招投标编制及项目管理工作人员使用。

限于时间仓促及编者水平，书中难免出现不足之处，恳请广大读者与专家指正。

编者
2013.07

目　　录

1 工程量清单计价基础

1.1 园林工程计价

1.1.1 基本建设程序

1. 基本建设程序的概念

我国的基本建设程序是指建设项目从策划、评估、决策、设计、施工到竣工验收、投入生产或交付使用的整个建设过程中各项工作必须遵守的先后顺序。按照建设项目发展的内在联系和发展过程，将建设项目分成若干阶段，这些发展阶段有严格的先后次序。

一般情况下，投资建设一个项目都经过投资决策、建设实施、生产运营和总结评价四个发展阶段。

2. 基本建设程序

（1）编制项目建议书

项目建议书是建设某一具体项目的建议文件。项目建议书是工程建设程序最初阶段的工作，项目建设筹建单位或项目法人根据区域发展和行业发展规划要求，结合各项目自然资源、生产力状况和市场预测等，经过调查分析，说明拟建项目建设的必要性、条件的可行性、获利的可能性，而提出的立项建议书。

（2）进行可行性研究

项目建议书一经批准，即可着手进行可行性研究，在现场调研的基础上，提出可行性研究报告。可行性研究是运用多种科研成果，在建设项目投资决策前进行技术经济论证，以保证取得最佳经济效益。可行性研究是项目前期工作中最重要的一项工作。

（3）编制计划任务书

计划任务书是根据可行性研究的结果向主管机关呈报的立项报批文件，是确定建设项目规模、编制设计文件、列入国家基本建设计划的依据。计划任务书应包括规划依据、建设目的、工程规模、地址选择、主要项目、平面布置、设计要求、资金筹措、工程效益、项目组织管理等主要内容。

（4）编制设计文件

计划任务书批准后，经地方规划部门划定施工线后，方可开始进行勘测设计。设计文件一般由主管部门或建设单位委托设计单位编制。一般建设项目设计分为三阶段设计和两阶段设计两种。

1）三阶段设计包括初步设计（编制初步设计概算）、技术设计（编制修正概算）、施工图设计（编制施工图预算），适用于技术复杂且缺乏经验的大中型项目。

2）两阶段设计包括初步设计、施工图设计，适用于一般小型项目。

一般园林工程项目采用两阶段设计，有的小型项目可直接进行施工图设计。

（5）建设准备

建设准备主要内容包括征地、拆迁、场地平整，施工用水、电、路准备工作，组织设备、材料订货，准备招标文件和必要的施工图纸，组织施工招标。

（6）建设实施

建设实施前须取得当地建设主管部门颁发的施工许可证方可正式施工。

一般情况下，合理的园林工程建设施工工程序为：整地→安装给水排水→修建园林建筑→铺装广场、道路→大树移植→种植树木→种植草坪→达到竣工验收标准后，由施工单位移交给建设单位。

（7）竣工验收、交付使用

建设项目按批准的设计文件所规定的内容建完后，便可以组织勘察、设计、施工、监理等有关单位参加竣工验收。验收合格后，施工单位应向建设单位办理竣工移交和竣工结算手续，并把项目交付建设单位使用。

（8）工程项目后评价

工程项目后评价是指工程建设完成并投入生产或使用之后所进行的总结性评价。

1.1.2 园林工程计价基本方法

1. 定额计价方法

定额计价方法即工料单价法，是指项目单价采用分部分项工程的不完全价格（即包括人工费、材料费、施工机械台班使用费）的一种计价方法。我国现行有两种计价方法：一种是单价法；一种是实物法。

（1）单价法

首先按相应定额工程量计算规则计算工程中各个分部分项工程的工程量，然后套取相应预算定额的各个分部分项工程量的定额基价，直接得出各个分部分项工程的直接费，汇总得出工程总的直接费，再用工程总的直接费乘以相应的费率得出工程总的间接费、利润和税金，最后汇总得出工程的造价。单价法的工作程序如图1-1所示。

图1-1　单价法计算工程造价工作程序

（2）实物法

在算出各个分部分项工程的工程量后套用相应的分部分项工程的定额消耗量，将各个分部分项工程量分解为相应的人工、材料、机械台班的消耗量，然后分别乘以相应的人工、材料、机械的市场单价后相加得出相应分部分项工程的工料机合价（即分部分项工程的直接费），再将各个分部分项工程的直接费汇总得出工程的总直接费，后面取费与单价法是一样的。实物法的工作程序如图1-2所示。

图1-2 实物法计算工程造价工作程序

（3）单价法和是实物法的区别

可以看出单价法与实物法最主要也是最根本的区别就在于计算出工程量以后的步骤。各个分部分项工程的工料机合价计算依据不同，单价法用"定额基价"直接计算，而实物法用"消耗量定额"和"工料机的市场单价"确定各个分部分项工程的工料机合价。不管哪种方法计算，所计算出来的各个分部分项工程的费用都只包括工料机费用，各个分部分项工程的费用没有间接费、利润、税金、措施费、风险费等，换句话来说，就是定额计价法中只能计算工程总的间接费、措施费、利润和税金等，在这种计价方法下我们无法得出各个分部分项工程的间接费、措施费、利润和税金，因此我们将此种工料单价称为"不完全单价"。

2. 工程量清单计价方法

工程量清单计价法即"综合单价法"，它是以国家颁布的《建设工程工程量清单计价规范》（GB 50500—2013）为依据，首先根据"五统一"（即统一项目名称、项目特征、计量单位、工程量计算规则、项目编码）原则编制出工程量清单；其次由各投标施工企业根据企业实际情况与施工方案，对完成工程量清单中一个规定计量单位项目进行综合报价（包括人工费、材料费、机械使用费、企业管理费、利润、风险费用），最后在市场竞争过程中形成园林工程造价。

工程量清单计价是一种国际上通行的计价方式。其各个分部分项工程的费用不仅包括工料机的费用，还包括各个分部分项工程的间接费、利润、税金、措施费、风险费等，即在计算各个分部分项工程的工料机费用的同时就开始计算各个分部分项工程的间接费、利润、税金、措施费、风险费等。这样就会形成各个分部分项工程的"完全价格（综合价格）"，最后直接汇总所有分部分项工程的"完全价格（综合价格）"就可直接得出工程的工程造价。工程量清单计价方法如图1-3所示。

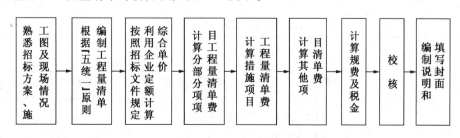

图1-3 工程量清单计价方法示意图

1.1.3 园林工程分部分项工程划分

1. 建设项目

建设项目是指在一个总体设计或初步设计范围内进行施工、在行政上具有独立的组织形式、经济上实行独立核算、有法人资格与其他经济实体建立经济往来关系的建设工程实体。建设项目一般是指一个企业或一个事业单位的建设，如××化工厂、××商厦、××大学、××住宅小区等，如一个公园、一个游乐园、一个动物园等就是一个工程建设项目。建设项目可以由一个或几个工程项目组成。

2. 工程项目

工程项目又称单项工程，它是建设项目的组成部分。工程项目都有独立的设计文件，竣工后能够独立发挥生产能力或使用效益。工程项目是具有独立存在意义的一个完整过程，也是一个极为复杂的综合体，它是由许多单位工程组成的，如一个公园里的码头、水榭、餐厅等。

3. 单位工程

单位工程是指具有单独设计，可以独立组织施工，但竣工后不能独立发挥生产能力或使用效益的工程。一个工程项目，按照它的构成，一般都可以把它划分为建筑工程、设备购置及其安装工程，其中建筑工程还可以按照其中各个组成部分的性质、作用划分为若干个单位工程。以园林工程为例，它可以分解为绿化工程、园林景观工程等单位工程。

4. 分部工程

每一个单位工程仍然是一个较大的组合体，它本身是由许多结构构件、部件或更小的部分所组成。在单位工程中，按部位、材料和工种进一步分解出来的工程，称为分部工程。

5. 分项工程

由于每一分部工程中影响工料消耗大小的因素仍然很多，所以为了计算工程造价和工料消耗量的方便，还必须把分部工程按照不同的施工方法、不同的构造、不同的规格等，进一步分解为分项工程。分项工程是指能够单独地经过一定施工工序完成，并且可以采用适当计量单位计算的建筑或安装工程。

根据《建设工程工程量清单计价规范》（GB 50500—2013）规定，园林工程分为三个分部工程：绿化工程，园路、园桥工程，园林景观工程。每个分部工程又分为若干个子分部工程。每个子分部工程中又分为若干个分项工程。每个分项工程有一个项目编码。园林工程分部分项工程划分详见表1-1。

园林工程分部分项工程划分　　　　　　　　　　　　　　　　　　　表1-1

分部工程	子分部工程	分　项　工　程
绿化工程	绿地整理	砍伐乔木、挖树根（蔸）砍挖灌木丛及根、砍挖竹及根、砍挖芦苇（或其他水生植物）及根、清除草皮、清除地被植物、屋面清理、种植土回（换）填、整理绿化用地、绿地起坡造型、屋顶花园基底处理
	栽植花木	栽植乔木、栽植灌木、栽植竹类、栽植棕榈类、栽植绿篱、栽植攀缘植物、栽植色带、栽植花卉、栽植水生植物、垂直墙体绿化种植、花卉立体布置、铺种草皮、喷播植草（灌木）籽、植草砖内植草、挂网、箱/钵栽植

4

分部工程	子分部工程	分 项 工 程
绿化工程	绿地喷灌	喷灌管线安装、喷灌配件安装
园路、园桥工程	园路、园桥工程	园路；踏（蹬）道；路牙铺设；树池围牙、盖板（箅子）；嵌草砖（格）铺装；桥基础；石桥墩、石桥台；拱券石；石券脸；金刚墙砌筑；石桥面铺筑；石桥面檐板；石汀步（步石、飞石）；木制步桥；栈道
	驳岸、护岸	石（卵石）砌驳岸、原木桩驳岸、满（散）铺砂卵石护岸（自然护岸）、点（散）布大卵石、框格花木护坡
园林景观工程	堆塑假山	堆筑土山丘、堆砌石假山、塑假山、石笋、点风景石、池石、盆景山、山（卵）石护角、山坡（卵）石台阶
	原木、竹构件	原木（带树皮）柱、梁、檩、椽；原木（带树皮）墙；树枝吊挂楣子；竹柱、梁、檩、椽；竹编墙；竹吊挂楣子
	亭廊屋面	草屋面、竹屋面、树皮屋面、油毡瓦屋面、预制混凝土穹顶、彩色压型钢板（夹芯板）攒尖亭屋面板、彩色压型钢板（夹芯板）穹顶、玻璃屋面、支（防腐木）屋面
	花架	现浇混凝土花架柱、梁、预制混凝土花架柱、梁、金属花架柱、梁、木花架柱、梁、竹花架柱、梁
	园林桌椅	预制钢筋混凝土飞来椅、水磨石飞来椅、竹制飞来椅；现浇混凝土桌凳、预制混凝土桌凳；石桌石凳；水磨石桌凳；塑树根桌凳；塑树节椅；塑料、铁艺、金属椅
	喷泉安装	喷泉管道、喷泉电缆、水下艺术装饰灯具、电气控制柜、喷泉设备
	杂项	石灯；石球；塑仿石音箱；塑树皮梁、柱；塑竹梁、柱；铁艺栏杆；塑料栏杆；钢筋混凝土艺术围栏；标志牌；景墙；景窗；花饰；博古架；花盆（坛箱）；摆花；花池、垃圾箱、砖石砌小摆设；其他景观小摆设；柔性水池

1.2 工程量清单的编制

根据《建设工程工程量清单计价规范》（GB 50500—2013）的规定，工程量清单是载明建设工程分部分项工程项目、措施项目、其他项目的名称和相应数量以及规费、税金项目等内容的明细清单。招标工程量清单是指招标人依据国家标准、招标文件、设计文件以及施工现场实际情况编制的，随招标文件发布供投标报价的工程量清单，包括其说明和表格。已标价工程量清单是指构成合同文件组成部分的投标文件中已标明价格，经算术性错误修正（如有）且承包人已确认的工程量清单，包括其说明和表格。

1.2.1 一般规定

（1）招标工程量清单应由具有编制能力的招标人或受其委托，具有相应资质的工程造价咨询人或招标代理人编制。

（2）招标工程量清单必须作为招标文件的组成部分，其准确性和完整性由招标人负责。

（3）招标工程量清单是工程量清单计价的基础，应作为编制招标控制价、投标报价、计算工程量、工程索赔等的依据之一。

（4）招标工程量清单应以单位（项）工程为单位编制，应由分部分项工程量清单、措施项目清单、其他项目清单、规费和税金项目清单组成。

（5）编制工程量清单应依据：

1）《建设工程工程量清单计价规范》（GB 50500—2013）、《园林绿化工程工程量计算规范》（GB 50858—2013）和相关工程的国家计量规范。

2）国家或省级、行业建设主管部门颁发的计价定额和办法。

3）建设工程设计文件及相关资料。

4）与建设工程项目有关的标准、规范、技术资料。

5）拟定的招标文件。

6）施工现场情况、地勘水文资料、工程特点及常规施工方案。

7）其他相关资料。

（6）编制工程量清单出现附录中未包括的项目，编制人应做补充，并报省级或行业工程造价管理机构备案，省级或行业工程造价管理机构应汇总报住房和城乡建设部标准定额研究所。

补充项目的编码由《园林绿化工程工程量计算规范》（GB 50858—2013）的代码05与B和三位阿拉伯数字组成，并应从05B001起顺序编制，同一招标工程的项目不得重码。

补充的工程量清单需附有补充项目的名称、项目特征、计量单位、工程量计算规则、工作内容。不能计量的措施项目，需附有补充项目的名称、工作内容及包含范围。

1.2.2 分部分项工程项目

（1）分部分项工程量清单必须载明项目编码、项目名称、项目特征、计量单位和工程量。

（2）分部分项工程量清单必须根据规定的项目编码、项目名称、项目特征、计量单位和工程量计算规则进行编制。

（3）工程量清单的项目编码，应采用十二位阿拉伯数字表示，一至九位应按附录的规定设置。十至十二位应根据拟建工程的工程量清单项目名称和项目特征设置。同一招标工程的项目编码不得有重码。

（4）工程量清单的项目名称应按附录的项目名称结合拟建工程的实际确定。

（5）工程量清单项目特征应按附录中规定的项目特征，结合拟建工程项目的实际予以描述。

（6）工程量清单中所列工程量应按规定的工程量计算规则计算。

（7）工程量清单的计量单位应依据规定的计量单位确定。

（8）现浇混凝土工程项目在"工作内容"中包括模板工程的内容，同时又在"措施项目"中单列了现浇混凝土模板工程项目。对此，由招标人根据工程实际情况选用，若招标人在措施项目清单中未编列现浇混凝土模板项目清单，即表示现浇混凝土模板项目不单列，现浇混凝土工程项目的综合单价中应包括模板工程费用。

（9）对预制混凝土构件按现场制作编制项目，"工作内容"中包括模板工程，不再另列。若采用成品预制混凝土构件时，构件成品价（包括模板、钢筋、混凝土等所有费用）应计入综合单价中。

1.2.3 措施项目

（1）措施项目清单必须根据相关工程现行国家计量规范的规定编制，应根据拟建工程的实际情况列项。

（2）措施项目中列出了项目编码、项目名称、项目特征、计量单位、工程量计算规则的项目。编制工程量清单时。应按"分部分项工程"的规定执行。

（3）措施项目中仅列出项目编码、项目名称，未列出项目特征、计量单位和工程量计算规则的项目，编制工程量清单时，应按"措施项目"规定的项目编码、项目名称确定。

1）脚手架工程工程量清单项目设置、项目特征描述的内容、计量单位、工程量计算规则应按表1-2的规定执行。

脚手架工程（编码：050401）　　　　　　　　　　　　　　　　表1-2

项目编码	项目名称	项目特征	计量单位	工程量计算规则	工 作 内 容
050401001	砌筑脚手架	1. 搭设方式 2. 墙体高度	m²	按墙的长度乘墙的高度以面积计算（硬山建筑山墙高算至山尖）。独立砖石柱高度在3.6m以内时，以柱结构周长乘以柱高计算，独立砖石柱高度在3.6m以上时，以柱结构周长加3.6m乘以柱高计算 凡砌筑高度在1.5m及以上的砌体，应计算脚手架	1. 场内、场外材料搬运 2. 搭、拆脚手架、斜道、上料平台 3. 铺设安全网 4. 拆除脚手架后材料分类堆放
050401002	抹灰脚手架	1. 搭设方式 2. 墙体高度	m²	按抹灰墙面的长度乘高度以面积计算（硬山建筑山墙高算至山尖）。独立砖石柱高度在3.6m以内时，以柱结构周长乘柱高计算，独立砖石柱高度在3.6m以上时，以柱结构周长加3.6m乘以柱高计算	1. 场内、场外材料搬运 2. 搭、拆脚手架、斜道、上料平台 3. 铺设安全网 4. 拆除脚手架后材料分类堆放
050401003	亭脚手架	1. 搭设方式 2. 檐口高度	1. 座 2. m²	1. 以座计量，按设计图示数量计算 2. 以平方米计量，按建筑面积计算	
050401004	满堂脚手架	1. 搭设方式 2. 施工面高度		按搭设的地面主墙间尺寸以面积计算	
050401005	堆砌（塑）假山脚手架	1. 搭设方式 2. 假山高度	m²	按外围水平投影最大矩形面积计算	
050401006	桥身脚手架	1. 搭设方式 2. 桥身高度		按桥基础底面至桥面平均高度乘以河道两侧宽度以面积计算	
050401007	斜道	斜道高度	座	按搭设数量计算	

2）模板工程工程量清单项目设置、项目特征描述的内容、计量单位、工程量计算规则应按表1-3的规定执行。

项目编码	项目名称	项目特征	计量单位	工程量计算规则	工 作 内 容
050402001	现浇混凝土垫层	厚度	m^2	按混凝土与模板的接触面积计算	1. 制作 2. 安装 3. 拆除 4. 清理 5. 刷隔离剂 6. 材料运输
050402002	现浇混凝土路面				
050402003	现浇混凝土路牙、树池围牙	高度			
050402004	现浇混凝土花架柱	断面尺寸			
050402005	现浇混凝土花架梁	1. 断面尺寸 2. 梁底高度			
050402006	现浇混凝土花池	池壁断面尺寸			
050402007	现浇混凝土桌凳	1. 桌凳形状 2. 基础尺寸、埋设深度 3. 桌面尺寸、支墩高度 4. 凳面尺寸、支墩高度	1. m^3 2. 个	1. 以立方米计量，按设计图示混凝土体积计算 2. 以个计量，按设计图示数量计算	
050402008	石桥拱券石、石券脸胎架	1. 胎架面高度 2. 矢高、弦长	m^2	按拱券石、石券脸弧形底面展开尺寸以面积计算	

3）树木支撑架、草绳绕树干、搭设遮阴（防寒）棚工程工程量清单项目设置、项目特征描述的内容、计量单位、工程量计算规则应按表1-4的规定执行。

项目编码	项目名称	项目特征	计量单位	工程量计算规则	工 作 内 容
050403001	树木支撑架	1. 支撑类型、材质 2. 支撑材料规格 3. 单株支撑材料数量	株	按设计图示数量计算	1. 制作 2. 运输 3. 安装 4. 维护
050403002	草绳绕树干	1. 胸径（干径） 2. 草绳所绕树干高度			1. 搬运 2. 绕杆 3. 余料清理 4. 养护期后清除
050403003	搭设遮阴（防寒）棚	1. 搭设高度 2. 搭设材料种类、规格	1. m^2 2. 株	1. 以平方米计量，按遮阴（防寒）棚外围覆盖层的展开尺寸以面积计算 2. 以株计量，按设计图示数量计算	1. 制作 2. 运输 3. 搭设、维护 4. 养护期后清除

4）围堰、排水工程工程量清单项目设置、项目特征描述的内容、计量单位、工程量

计算规则应按表 1-5 的规定执行。

围堰、排水工程（编码：050404）　　　　　　　　　表 1-5

项目编码	项目名称	项目特征	计量单位	工程量计算规则	工 作 内 容
050404001	围堰	1. 围堰断面尺寸 2. 围堰长度 3. 围堰材料及灌装袋材料品种、规格	1. m³ 2. m	1. 以立方米计量，按围堰断面面积乘以堤顶中心线长度以体积计算 2. 以米计量，按围堰堤顶中心线长度以延长米计算	1. 取土、装土 2. 堆筑围堰 3. 拆除、清理围堰 4. 材料运输
050404002	排水	1. 种类及管径 2. 数量 3. 排水长度	1. m³ 2. 天 3. 台班	1. 以立方米计量，按需要排水量以体积计算，围堰排水按堰内水面面积乘以平均水深计算 2. 以天计量，按需要排水日历天计算 3. 以台班计量，按水泵排水工作台班计算	1. 安装 2. 使用、维护 3. 拆除水泵 4. 清理

5）安全文明施工及其他措施项目工程量清单项目设置、计量单位、工作内容及包含范围应按表 1-6 的规定执行。

安全文明施工及其他措施项目（编码：050405）　　　　　表 1-6

项目编码	项目名称	工作内容及包含范围
050405001	安全文明施工	1. 环境保护：现场施工机械设备降低噪声、防扰民措施；水泥、种植土和其他易飞扬细颗粒建筑材料密闭存放或采取覆盖措施等；工程防扬尘洒水；土石方、杂草、种植遗弃物及建渣外运车辆防护措施等；现场污染源的控制、生活垃圾清理外运、场地排水排污措施；其他环境保护措施 2. 文明施工："五牌一图"；现场围挡的墙面美化（包括内外粉刷、刷白、标语等）、压顶装饰；现场厕所便槽刷白、贴面砖，水泥砂浆地面或地砖，建筑物内临时便溺设施；其他施工现场临时设施的装饰装修、美化措施；现场生活卫生设施；符合卫生要求的饮水设备、淋浴、消毒等设施；生活用洁净燃料；防煤气中毒、防蚊虫叮咬等措施；施工现场操作场地的硬化；现场绿化、治安综合治理；现场配备医药保健器材、物品和急救人员培训；用于现场工人的防暑降温、电风扇、空调等设备及用电；其他文明施工措施 3. 安全施工：安全资料、特殊作业专项方案的编制，安全施工标志的购置及安全宣传；"三宝"（安全帽、安全带、安全网）、"四口"（楼梯口、管井口、通道口、预留洞口）、"五临边"（园桥围边、驳岸围边、跌水围边、槽坑围边、卸料平台两侧），水平防护架、垂直防护架、外架封闭等防护；施工安全用电，包括配电箱三级配电、两级保护装置要求、外电防护措施；起重设备（含起重机、井架、门架）的安全防护措施（含警示标志）及卸料平台的临边防护、层间安全门、防护棚等设施；园林工地起重机械的检验检测；施工机具防护棚及其围栏的安全保护设施；施工安全防护通道；工人的安全防护用品、用具购置；消防设施与消防器材的配置；电气保护、安全照明设施；其他安全防护措施

项目编码	项目名称	工作内容及包含范围
050405001	安全文明施工	4. 临时设施：施工现场采用彩色、定型钢板，砖、混凝土砌块等围挡的安砌、维修、拆除；施工现场临时建筑物、构筑物的搭设、维修、拆除，如临时宿舍、办公室、食堂、厨房、厕所、诊疗所、临时文化福利用房、临时仓库、加工场、搅拌台、临时简易水塔、水池等；施工现场临时设施的搭设、维修、拆除，如临时供水管道、临时供电管线、小型临时设施等；施工现场规定范围内临时简易道路铺设，临时排水沟、排水设施安砌、维修、拆除；其他临时设施搭设、维修、拆除
050405002	夜间施工	1. 夜间固定照明灯具和临时可移动照明灯具的设置、拆除 2. 夜间施工时施工现场交通标志、安全标牌、警示灯等的设置、移动、拆除 3. 夜间照明设备及照明用电、施工人员夜班补助、夜间施工劳动效率降低等
050405003	非夜间施工照明	为保证工程施工正常进行，在如假山石洞等特殊施工部位施工时所采用的照明设备的安拆、维护及照明用电等
050405004	二次搬运	由于施工场地条件限制而发生的材料、植物、成品、半成品等一次运输不能到达堆放地点，必须进行的二次或多次搬运
050405005	冬雨期施工	1. 冬雨（风）期施工时增加的临时设施（防寒保温、防雨、防风设施）的搭设、拆除 2. 冬雨（风）期施工时对植物、砌体、混凝土等采用的特殊加温、保温和养护措施 3. 冬雨（风）期施工时施工现场的防滑处理，对影响施工的雨雪的清除 4. 冬雨（风）期施工时增加的临时设施、施工人员的劳动保护用品、冬雨（风）期施工劳动效率降低等
050405006	反季节栽植影响措施	因反季节栽植在增加材料、人工、防护、养护、管理等方面采取的种植措施及保证成活率措施
050405007	地上、地下设施的临时保护设施	在工程施工过程中，对已建成的地上、地下设施和植物进行的遮盖、封闭、隔离等必要保护措施
050405008	已完工程及设备保护	对已完工程及设备采取的覆盖、包裹、封闭、隔离等必要的保护措施

注：本表所列项目应根据工程实际情况计算措施项目费用，需分摊的应合理计算摊销费用。

1.2.4 其他项目

（1）其他项目清单应按照下列内容列项：

1）暂列金额。招标人暂定并包括在合同价款中的一笔款项。不管采用何种合同形式，其理想的标准是，一份合同的价格就是其最终的竣工结算价格，或者至少两者应尽可能接近。我国规定对政府投资工程实行概算管理，经项目审批部门批复的设计概算是工程投资控制的刚性指标，即使商业性开发项目也有成本的预先控制问题，否则，无法相对准确地预测投资的收益和科学合理地进行投资控制。但工程建设自身的特性决定了工程的设计需要根据工程进展不断地进行优化和调整，业主需求可能会随工程建设进展而出现变化，工程建设过程还存在一些不能预见、不能确定的因素。消化这些因素必然会影响合同价格的调整，暂列金额正是因应这类不可避免的价格调整而设立，以便达到合理确定和有效控制工程造价的目标。

2）暂估价。暂估价是指招标阶段直至签订合同协议时，招标人在招标文件中提供的用于支付必然要发生但暂时不能确定价格的材料以及专业工程的金额。其包括材料暂估价、工程设备暂估单价、专业工程暂估价。

3）计日工。计日工是为了解决现场发生的零星工作的计价而设立的。国际上常见的标准合同条款中，大多数都设立了计日工计价机制。计日工对完成零星工作所消耗的人工工时、材料数量、施工机械台班进行计量，并按照计日工表中填报的适用项目的单价进行计价支付。计日工适用的所谓零星工作一般是指合同约定之外或者因变更而产生的、工程量清单中没有相应项目的额外工作，尤其是那些时间不允许事先商定价格的额外工作。

4）总承包服务费。总承包服务费是为了解决招标人在法律、法规允许的条件下进行专业工程发包以及自行供应材料、工程设备，并需要总承包人对发包的专业工程提供协调和配合服务，对甲供材料、工程设备提供收、发和保管服务以及进行施工现场管理时发生并向总承包人支付的费用。招标人应预计该项费用，并按投标人的投标报价向投标人支付该项费用。

（2）暂列金额应根据工程特点按有关计价规定估算。

（3）暂估价中的材料、工程设备暂估价应根据工程造价信息或参照市场价格估算，列出明细表；专业工程暂估价应分不同专业，按有关计价规定估算，列出明细表。

（4）计日工应列出项目名称、计量单位和暂估数量。

（5）综合承包服务费应列出服务项目及其内容等。

（6）出现第（1）条未列的项目，应根据工程实际情况补充。

1.2.5 规费

（1）规费项目清单应按照下列内容列项：

1）社会保障费：包括养老保险费、失业保险费、医疗保险费、工伤保险费、生育保险费。

2）住房公积金。

3）工程排污费。

（2）出现第（1）条未列的项目，应根据省级政府或省级有关部门的规定列项。

1.2.6 税金

（1）税金项目清单应包括下列内容：

1）营业税。

2）城市维护建设税。

3）教育费附加。

4）地方教育附加。

（2）出现第（1）条未列的项目，应根据税务部门的规定列项。

1.3 工程量清单计价编制

1.3.1 工程量清单计价概述

工程量清单计价是指投标人完成由招标人提供的工程量清单所需的全部费用，包括分部分项工程费、措施项目费、其他项目费和规费以及税金。

1. 工程量清单计价方法

工程量清单计价方法是在建设工程招标中，由具有编制能力的招标人或受其委托，具有相应资质的工程造价咨询人编制反映工程实体消耗和措施性消耗的工程量清单，并作为招标文件的一部分提供给投标人，由投标人根据工程量清单自主报价的计价方式。

2. 工程量清单计价基本原理

工程量清单计价的基本过程可以描述为：在统一的工程量计算规则的基础之上，制定工程量清单项目设置规则，根据具体工程的施工图纸计算出各个清单项目的工程量，然后再根据各种渠道所获得的工程造价信息和经验数据计算得到工程造价。它是一种市场定价模式。在工程发包过程中，以招标人提供的工程量清单作为平台，投标人根据自身的技术、财务和管理能力自主投标报价，招标人根据具体的评标细则进行优选，一般以不低于成本价的最低价中标，这种计价模式充分体现了市场竞争性。随着市场经济的不断成熟发展，工程量清单计价方法将是工程投标报价的主要方式，也将会愈加成熟和规范。

3. 工程量清单计价流程

工程量清单计价过程可分为工程量清单编制阶段（第一阶段）和工程量清单报价阶段（第二阶段）。

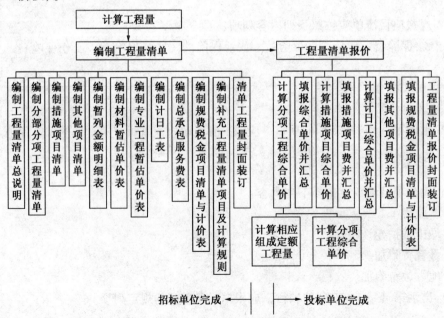

图 1-4 工程量清单计价编制流程

12

（1）第一阶段。招标单位在统一的工程量计算规则的基础上制定工程量清单项目，并根据具体工程的施工图纸统一计算出各个清单项目的工程量。

（2）第二阶段。投标单位根据各种渠道获得的工程造价信息和经验数据，结合工程量清单计算得到工程造价。

工程量清单计价是多方参与共同完成的，不像施工图预算书可由一个单位编报。工程量清单计价编制流程，如图1-4所示。

1.3.2 一般规定

1. 计价方式

（1）使用国有资金投资的建设工程发承包，必须采用工程量清单计价。

（2）非国有资金投资的建设工程，宜采用工程量清单计价。

（3）不采用工程量清单计价的建设工程，应执行《建设工程工程量清单计价规范》（GB 50500—2013）除工程量清单等专门性规定外的其他规定。

（4）工程量清单应采用综合单价计价。

（5）措施项目中的安全文明施工费必须按国家或省级、行业建设主管部门的规定计算。不得作为竞争性费用。

（6）规费和税金必须按国家或省级、行业建设主管部门的规定计算。不得作为竞争性费用。

2. 发包人提供材料和工程设备

（1）发包人提供的材料和工程设备（以下简称甲供材料）应在招标文件中按照《建设工程工程量清单计价规范》（GB 50500—2013）附录L.1的规定填写《发包人提供材料和工程设备一览表》，写明甲供材料的名称、规格、数量、单价、交货方式、交货地点等。

承包人投标时，甲供材料单价应计入相应项目的综合单价中，签约后，发包人应按合同约定扣除甲供材料款，不予支付。

（2）承包人应根据合同工程进度计划的安排，向发包人提交甲供材料交货的日期计划。发包人应按计划提供。

（3）发包人提供的甲供材料如规格、数量或质量不符合合同要求，或由于发包人原因发生交货日期延误、交货地点及交货方式变更等情况的，发包人应承担由此增加的费用和（或）工期延误，并应向承包人支付合理利润。

（4）发承包双方对甲供材料的数量发生争议不能达成一致的，应按照相关工程的计价定额同类项目规定的材料消耗量计算。

（5）若发包人要求承包人采购已在招标文件中确定为甲供材料的，材料价格应由发承包双方根据市场调查确定，并应另行签订补充协议。

3. 承包人提供材料和工程设备

（1）除合同约定的发包人提供的甲供材料外，合同工程所需的材料和工程设备应由承包人提供，承包人提供的材料和工程设备均应由承包人负责采购、运输和保管。

（2）承包人应按合同约定将采购材料和工程设备的供货人及品种、规格、数量和供货时间等提交发包人确认，并负责提供材料和工程设备的质量证明文件，满足合同约定的质量标准。

（3）对承包人提供的材料和工程设备经检测不符合合同约定的质量标准，发包人应立即要求承包人更换，由此增加的费用和（或）工期延误应由承包人承担。对发包人要求检测承包人已具有合格证明的材料、工程设备，但经检测证明该项材料、工程设备符合合同约定的质量标准，发包人应承担由此增加的费用和（或）工期延误，并向承包人支付合理利润。

4. 计价风险

（1）建设工程发承包。必须在招标文件、合同中明确计价中的风险内容及其范围。不得采用无限风险、所有风险或类似语句规定计价中的风险内容及范围。

（2）由于下列因素出现，影响合同价款调整的，应由发包人承担：

1）国家法律、法规、规章和政策发生变化。

2）省级或行业建设主管部门发布的人工费调整，但承包人对人工费或人工单价的报价高于发布的除外。

3）由政府定价或政府指导价管理的原材料等价格进行了调整。

（3）由于市场物价波动影响合同价款的，应由发承包双方合理分摊，按《建设工程工程量清单计价规范》（GB 50500—2013）中附录 L.2 或 L.3 填写《承包人提供主要材料和工程设备一览表》作为合同附件；当合同中没有约定，发承包双方发生争议时，应按1.3.7 中"物价变化"的规定调整合同价款。

（4）由于承包人使用机械设备、施工技术以及组织管理水平等自身原因造成施工费用增加的，应由承包人全部承担。

（5）当不可抗力发生，影响合同价款时，应按1.3.7 中"不可抗力"的规定执行。

1.3.3 招标控制价

1. 一般规定

（1）国有资金投资的建设工程招标。招标人必须编制招标控制价。

我国对国有资金投资项目的投资控制实行的是投资概算审批制度，国有资金投资的工程原则上不能超过批准的投资概算。

国有资金投资的工程实行工程量清单招标，为了客观、合理地评审投标报价和避免哄抬标价，避免造成国有资产流失，招标人必须编制招标控制价，规定最高投标限价。

（2）招标控制价应由具有编制能力的招标人或受其委托具有相应资质的工程造价咨询人编制和复核。

（3）工程造价咨询人接受招标人委托编制招标控制价，不得再就同一工程接受投标人委托编制投标报价。

（4）招标控制价应按照规定编制，不应上调或下浮。

（5）当招标控制价超过批准的概算时，招标人应将其报原概算审批部门审核。

（6）招标人应在发布招标文件时公布招标控制价，同时应将招标控制价及有关资料报送工程所在地或有该工程管辖权的行业管理部门工程造价管理机构备查。

招标控制价的作用决定了招标控制价不同于标底，无需保密。为体现招标的公平、公正性，防止招标人有意抬高或压低工程造价，招标人应在招标文件中如实公布招标控制价，同时，招标人应将招标控制价报工程所在地或有该工程管辖权的行业管理部门的工程造价管理机构备查。

2. 编制与复核

（1）招标控制价应根据下列依据编制与复核：

1）《建设工程工程量清单计价规范》（GB 50500—2013）。

2）国家或省级、行业建设主管部门颁发的计价定额和计价办法。

3）建设工程设计文件及相关资料。

4）拟定的招标文件及招标工程量清单。

5）与建设项目相关的标准、规范、技术资料。

6）施工现场情况、工程特点及常规施工方案。

7）工程造价管理机构发布的工程造价信息，当工程造价信息没有发布时，参照市场价。

8）其他的相关资料。

（2）综合单价中应包括招标文件中划分的应由投标人承担的风险范围及其费用。招标文件中没有明确的，如是工程造价咨询人编制，应提请招标人明确；如是招标人编制，应予明确。

（3）分部分项工程和措施项目中的单价项目，应根据拟定的招标文件和招标工程量清单项目中的特征描述及有关要求确定综合单价计算。

（4）措施项目中的总价项目应根据拟定的招标文件和常规施工方案按 1.3.2 中"计价方式"（4）和（5）的规定计价。

（5）其他项目应按下列规定计价：

1）暂列金额应按招标工程量清单中列出的金额填写。

2）暂估价中的材料、工程设备单价应按招标工程量清单中列出的单价计入综合单价。

3）暂估价中的专业工程金额应按招标工程量清单中列出的金额填写。

4）计日工应按招标工程量清单中列出的项目根据工程特点和有关计价依据确定综合单价计算。

5）总承包服务费应根据招标工程量清单列出的内容和要求估算。

6）规费和税金应按 1.3.2 中"计价方式"（6）的规定计算。

3. 投诉与处理

（1）投标人经复核认为招标人公布的招标控制价未按照《建设工程工程量清单计价规范》（GB 50500—2013）的规定进行编制的，应在招标控制价公布后 5d 内向招投标监督机构和工程造价管理机构投诉。

（2）投诉人投诉时，应当提交由单位盖章和法定代表人或其委托人签名或盖章的书面投诉书，投诉书应包括下列内容：

1）投诉人与被投诉人的名称、地址及有效联系方式。

2）投诉的招标工程名称、具体事项及理由。

3）投诉依据及相关证明材料。

4）相关的请求及主张。

（3）投诉人不得进行虚假、恶意投诉，阻碍投标活动的正常进行。

（4）工程造价管理机构在接到投诉书后应在2个工作日内进行审查，对有下列情况之一的，不予受理：

1）投诉人不是所投诉招标工程招标文件的收受人。

2）投诉书提交的时间不符合（1）规定的。

3）投诉书不符合（2）条规定的。

4）投诉事项已进入行政复议或行政诉讼程序的。

（5）工程造价管理机构应在不迟于结束审查的次日将是否受理投诉的决定书面通知投诉人、被投诉人以及负责该工程招投标监督的招投标管理机构。

（6）工程造价管理机构受理投诉后，应立即对招标控制价进行复查，组织投诉人、被投诉人或其委托的招标控制价编制人等单位人员对投诉问题逐一核对。有关当事人应当予以配合，并应保证所提供资料的真实性。

（7）工程造价管理机构应当在受理投诉的10d内完成复查，特殊情况下可适当延长，并作出书面结论通知投诉人、被投诉人及负责该工程招投标监督的招投标管理机构。

（8）当招标控制价复查结论与原公布的招标控制价误差大于±3%时，应当责成招标人改正。

（9）招标人根据招标控制价复查结论需要重新公布招标控制价的，其最终公布的时间至招标文件要求提交投标文件截止时间不足15d的，应相应延长投标文件的截止时间。

1.3.4 投标报价

1. 一般规定

（1）投标价应由投标人或受其委托具有相应资质的工程造价咨询人编制。

（2）投标人应依据《建设工程工程量清单计价规范》（GB 50500—2013）的规定自主确定投标报价。

（3）投标报价不得低于工程成本。

（4）投标人必须按招标工程量清单填报价格。项目编码、项目名称、项目特征、计量单位、工程量必须与招标工程量清单一致。

（5）投标人的投标报价高于招标控制价的应予废标。

2. 编制与复核

（1）投标报价应根据下列依据编制和复核：

1）《建设工程工程量清单计价规范》（GB 50500—2013）。

2）国家或省级、行业建设主管部门颁发的计价办法。

3）企业定额，国家或省级、行业建设主管部门颁发的计价定额和计价办法。

4）招标文件、招标工程量清单及其补充通知、答疑纪要。

5）建设工程设计文件及相关资料。

6）施工现场情况、工程特点及投标时拟定的施工组织设计或施工方案。

7）与建设项目相关的标准、规范等技术资料。

8）市场价格信息或工程造价管理机构发布的工程造价信息。

9）其他的相关资料。

（2）综合单价中应包括招标文件中划分的应由投标人承担的风险范围及其费用，招标文件中没有明确的，应提请招标人明确。

（3）分部分项工程和措施项目中的单价项目，应根据招标文件和招标工程量清单项目中的特征描述确定综合单价计算。

（4）措施项目中的总价项目金额应根据招标文件和投标时拟定的施工组织设计或施工方案按 1.3.2 中"计价方式"（4）的规定自主确定。其中安全文明施工费应按照 1.3.2 中"计价方式"（5）的规定确定。

（5）其他项目费应按下列规定报价：

1）暂列金额应按招标工程量清单中列出的金额填写。

2）材料、工程设备暂估价应按招标工程量清单中列出的单价计入综合单价。

3）专业工程暂估价应按招标工程量清单中列出的金额填写。

4）计日工应按招标工程量清单中列出的项目和数量，自主确定综合单价并计算计日工金额。

5）总承包服务费应根据招标工程量清单中列出的内容和提出的要求自主确定。

（6）规费和税金应按 1.3.2 中"计价方式"（6）的规定确定。

（7）招标工程量清单与计价表中列明的所有需要填写单价和合价的项目，投标人均应填写且只允许有一个报价。未填写单价和合价的项目，可视为此项费用已包含在已标价工程量清单中其他项目的单价和合价之中。当竣工结算时，此项目不得重新组价予以调整。

（8）投标总价应当与分部分项工程费、措施项目费、其他项目费和规费、税金的合计金额一致。

1.3.5　合同价款约定

1. 一般规定

（1）实行招标的工程合同价款应在中标通知书发出之日起 30d 内，由发承包双方依据招标文件和中标人的投标文件在书面合同中约定。

合同约定不得违背招标、投标文件中关于工期、造价、质量等方面的实质性内容。招标文件与中标人投标文件不一致的地方，应以投标文件为准。

（2）不实行招标的工程合同价款，应在发承包双方认可的工程价款基础上，由发承包双方在合同中约定。

（3）实行工程量清单计价的工程，应采用单价合同；建设规模较小，技术难度较低，工期较短，且施工图设计已审查批准的建设工程可采用总价合同；紧急抢险、救灾以及施工技术特别复杂的建设工程可采用成本加酬金合同。

2. 约定内容

（1）发承包双方应在合同条款中对下列事项进行约定：

1）预付工程款的数额、支付时间及抵扣方式。

2）安全文明施工措施的支付计划，使用要求等。

3）工程计量与支付工程进度款的方式、数额及时间。

4）工程价款的调整因素、方法、程序、支付及时间。

5）施工索赔与现场签证的程序、金额确认与支付时间。

6）承担计价风险的内容、范围以及超出约定内容、范围的调整办法。

7）工程竣工价款结算编制与核对、支付及时间。

8）工程质量保证金的数额、预留方式及时间。

9）违约责任以及发生合同价款争议的解决方法及时间。

10）与履行合同、支付价款有关的其他事项等。

（2）合同中没有按照（1）的要求约定或约定不明的，若发承包双方在合同履行中发生争议由双方协商确定；当协商不能达成一致时，应按《建设工程工程量清单计价规范》（GB 50500—2013）的规定执行。

1.3.6　工程计量

（1）工程量计算除依据各项规定外，尚应依据以下文件：

1）经审定通过的施工设计图纸及其说明。

2）经审定通过的施工组织设计或施工方案。

3）经审定通过的其他有关技术经济文件。

（2）工程实施过程中的计量应按照现行国家标准《建设工程工程量清单计价规范》（GB 50500—2013）的相关规定执行：

1）一般规定：

①工程量必须按照相关工程现行国家计量规范规定的工程量计算规则计算。

②工程计量可选择按月或按工程形象进度分段计量，具体计量周期应在合同中约定。

③因承包人原因造成的超出合同工程范围施工或返工的工程量，发包人不予计量。

④成本加酬金合同应按第"单价合同的计量"的规定计量。

2）单价合同的计量：

①工程量必须以承包人完成合同工程应予计量的工程量确定。

②施工中进行工程计量，当发现招标工程量清单中出现缺项、工程量偏差，或因工程变更引起工程量增减时，应按承包人在履行合同义务中完成的工程量计算。

③承包人应当按照合同约定的计量周期和时间向发包人提交当期已完工程量报告。发包人应在收到报告后7d内核实，并将核实计量结果通知承包人。发包人未在约定时间内进行核实的，承包人提交的计量报告中所列的工程量应视为承包人实际完成的工程量。

④发包人认为需要进行现场计量核实时，应在计量前24h通知承包人，承包人应为计量提供便利条件并派人参加。当双方均同意核实结果时，双方应在上述记录上签字确认。承包人收到通知后不派人参加计量，视为认可发包人的计量核实结果。发包人不按照约定时间通知承包人，致使承包人未能派人参加计量，计量核实结果无效。

⑤当承包人认为发包人核实后的计量结果有误时，应在收到计量结果通知后的7d内向发包人提出书面意见，并应附上其认为正确的计量结果和详细的计算资料。发包人收到书面意见后，应在7d内对承包人的计量结果进行复核后通知承包人。承包人对复核计量结果仍有异议的，按照合同约定的争议解决办法处理。

⑥承包人完成已标价工程量清单中每个项目的工程量并经发包人核实无误后，发承包双方应对每个项目的历次计量报表进行汇总，以核实最终结算工程量，并应在汇总表上签

字确认。

3）总价合同的计量：

①采用工程量清单方式招标形成的总价合同，其工程量应按照"单价合同的计量"的规定计算。

②采用经审定批准的施工图纸及其预算方式发包形成的总价合同，除按照工程变更规定的工程量增减外，总价合同各项目的工程量应为承包人用于结算的最终工程量。

③总价合同约定的项目计量应以合同工程经审定批准的施工图纸为依据，发承包双方应在合同中约定工程计量的形象目标或时间节点进行计量。

④承包人应在合同约定的每个计量周期内对已完成的工程进行计量，并向发包人提交达到工程形象目标完成的工程量和有关计量资料的报告。

⑤发包人应在收到报告后7d内对承包人提交的上述资料进行复核，以确定实际完成的工程量和工程形象目标。对其有异议的，应通知承包人进行共同复核。

（3）两个或两个以上计量单位的，应结合拟建工程项目的实际情况，确定其中一个为计量单位。同一工程项目的计量单位应一致。

（4）工程计量时每一项目汇总的有效位数应遵守下列规定：

1）以"t"为单位，应保留小数点后三位数字，第四位小数四舍五入。

2）以"m"、"m²"、"m³"为单位，应保留小数点后两位数字，第三位小数四舍五入。

3）以"株"、"丛"、"缸"、"套"、"个"、"支"、"只"、"块"、"根"、"座"等为单位，应取整数。

（5）各项目仅列出了主要工作内容，除另有规定和说明外，应视为已经包括完成该项目所列或未列的全部工作内容。

（6）园林绿化工程（另有规定者除外）涉及普通公共建筑物等工程的项目以及垂直运输机械、大型机械设备进出场及安拆等项目，按现行国家标准《房屋建筑与装饰工程工程量计算规范》（GB 50854—2013）的相应项目执行；涉及仿古建筑工程的项目，按现行国家标准《仿古建筑工程工程量计算规范》（GB 50855—2013）的相应项目执行；涉及电气、给水排水等安装工程的项目，按照现行国家标准《通用安装工程工程量计算规范》（GB 50856—2013）的相应项目执行；涉及市政道路、路灯等市政工程的项目，按现行国家标准《市政工程工程量计算规范》（GB 50857—2013）的相应项目执行。

1.3.7 合同价款调整

1. 一般规定

（1）下列事项（但不限于）发生，发承包双方应当按照合同约定调整合同价款：

1）法律法规变化。

2）工程变更。

3）项目特征不符。

4）工程量清单缺项。

5）工程量偏差。

6）计日工。

7）物价变化。

8）暂估价。

9）不可抗力。

10）提前竣工（赶工补偿）。

11）误期赔偿。

12）索赔。

13）现场签证。

14）暂列金额。

15）发承包双方约定的其他调整事项。

（2）出现合同价款调增事项（不含工程量偏差、计日工、现场签证、索赔）后的14d内，承包人应向发包人提交合同价款调增报告并附上相关资料；承包人在14d内未提交合同价款调增报告的，应视为承包人对该事项不存在调整价款请求。

（3）出现合同价款调减事项（不含工程量偏差、索赔）后的14d内，发包人应向承包人提交合同价款调减报告并附相关资料；发包人在14d内未提交合同价款调减报告的，应视为发包人对该事项不存在调整价款请求。

（4）发（承）包人应在收到承（发）包人合同价款调增（减）报告及相关资料之日起14d内对其核实，予以确认的应书面通知承（发）包人。当有疑问时，应向承（发）包人提出协商意见。发（承）包人在收到合同价款调增（减）报告之日起14d内未确认也未提出协商意见的，应视为承（发）包人提交的合同价款调增（减）报告已被发（承）包人认可。发（承）包人提出协商意见的，承（发）包人应在收到协商意见后的14d内对其核实，予以确认的应书面通知发（承）包人。承（发）包人在收到发（承）包人的协商意见后14d内既不确认也未提出不同意见的，应视为发（承）包人提出的意见已被承（发）包人认可。

（5）发包人与承包人对合同价款调整的不同意见不能达成一致的，只要对发承包双方履约不产生实质影响，双方应继续履行合同义务，直到其按照合同约定的争议解决方式得到处理。

（6）经发承包双方确认调整的合同价款，作为追加（减）合同价款，应与工程进度款或结算款同期支付。

2. 法律法规变化

（1）招标工程以投标截止日前28d、非招标工程以合同签订前28d为基准日，其后因国家的法律、法规、规章和政策发生变化引起工程造价增减变化的，发承包双方应按照省级或行业建设主管部门或其授权的工程造价管理机构据此发布的规定调整合同价款。

（2）因承包人原因导致工期延误的，按（1）规定的调整时间，在合同工程原定竣工时间之后，合同价款调增的不予调整，合同价款调减的予以调整。

3. 工程变更

（1）因工程变更引起已标价工程量清单项目或其工程数量发生变化时，应按照下列规定调整：

1）已标价工程量清单中有适用于变更工程项目的，应采用该项目的单价；但当工程变更导致该清单项目的工程数量发生变化，且工程量偏差超过15%时，该项目单价应按照第6条"工程量偏差"中（2）的规定调整。

2）已标价工程量清单中没有适用但有类似于变更工程项目的，可在合理范围内参照类似项目的单价。

3）已标价工程量清单中没有适用也没有类似于变更工程项目的，应由承包人根据变更工程资料、计量规则和计价办法、工程造价管理机构发布的信息价格和承包人报价浮动率提出变更工程项目的单价，并应报发包人确认后调整。承包人报价浮动率可按下列公式计算：

招标工程：承包人报价浮动率 L ＝（1－中标价/招标控制价）×100%　　　（1-1）

非招标工程：承包人报价浮动率 L ＝（1－报价/施工图预算）×100%　　　（1-2）

4）已标价工程量清单中没有适用也没有类似于变更工程项目，且工程造价管理机构发布的信息价格缺价的，应由承包人根据变更工程资料、计量规则、计价办法和通过市场调查等取得有合法依据的市场价格提出变更工程项目的单价，并应报发包人确认后调整。

（2）工程变更引起施工方案改变并使措施项目发生变化时，承包人提出调整措施项目费的，应事先将拟实施的方案提交发包人确认，并应详细说明与原方案措施项目相比的变化情况。拟实施的方案经发承包双方确认后执行，并应按照下列规定调整措施项目费：

1）安全文明施工费应按照实际发生变化的措施项目依据1.3.2中"计价方式"的（5）的规定计算。

2）采用单价计算的措施项目费，应按照实际发生变化的措施项目，按（1）的规定确定单价。

3）按总价（或系数）计算的措施项目费，按照实际发生变化的措施项目调整，但应考虑承包人报价浮动因素，即调整金额按照实际调整金额乘以（1）规定的承包人报价浮动率计算。

如果承包人未事先将拟实施的方案提交给发包人确认，则应视为工程变更不引起措施项目费的调整或承包人放弃调整措施项目费的权利。

（3）当发包人提出的工程变更因非承包人原因删减了合同中的某项原定工作或工程，致使承包人发生的费用或（和）得到的收益不能被包括在其他已支付或应支付的项目中，也未被包含在任何替代的工作或工程中时，承包人有权提出并应得到合理的费用及利润补偿。

4. 项目特征描述不符

（1）发包人在招标工程量清单中对项目特征的描述，应被认为是准确的和全面的，并且与实际施工要求相符合。承包人应按照发包人提供的招标工程量清单，根据项目特征描述的内容及有关要求实施合同工程，直到项目被改变为止。

（2）承包人应按照发包人提供的设计图纸实施合同工程，若在合同履行期间出现设计图纸（含设计变更）与招标工程量清单任一项目的特征描述不符，且该变化引起该项目工程造价增减变化的，应按照实际施工的项目特征，按第3条"工程变更"的相关条款的规定重新确定相应工程量清单项目的综合单价，并调整合同价款。

5. 工程量清单缺项

（1）合同履行期间，由于招标工程量清单中缺项，新增分部分项工程清单项目的，应按照第3条"工程变更"中（1）的规定确定单价，并调整合同价款。

（2）新增分部分项工程清单项目后，引起措施项目发生变化的，应按照第 3 条"工程变更"中（2）的规定，在承包人提交的实施方案被发包人批准后调整合同价款。

（3）由于招标工程量清单中措施项目缺项，承包人应将新增措施项目实施方案提交发包人批准后，按照第 3 条"工程变更"中（1）、（2）的规定调整合同价款。

6. 工程量偏差

（1）合同履行期间，当应予计算的实际工程量与招标工程量清单出现偏差，且符合（2）、（3）规定时，发承包双方应调整合同价款。

（2）对于任一招标工程量清单项目，当因工程量偏差规定的"工程量偏差"和第 3 条"工程变更"规定的工程变更等原因导致工程量偏差超过 15% 时，可进行调整。当工程量增加 15% 以上时，增加部分的工程量的综合单价应予调低；当工程量减少 15% 以上时，减少后剩余部分的工程量的综合单价应予调高。

（3）当工程量出现（2）的变化，且该变化引起相关措施项目相应发生变化时，按系数或单一总价方式计价的，工程量增加的措施项目费调增，工程量减少的措施项目费调减。

7. 计日工

（1）发包人通知承包人以计日工方式实施的零星工作，承包人应予执行。

（2）采用计日工计价的任何一项变更工作，在该项变更的实施过程中，承包人应按合同约定提交下列报表和有关凭证送发包人复核：

1）工作名称、内容和数量。

2）投入该工作所有人员的姓名、工种、级别和耗用工时。

3）投入该工作的材料名称、类别和数量。

4）投入该工作的施工设备型号、台数和耗用台时。

5）发包人要求提交的其他资料和凭证。

（3）任一计日工项目持续进行时，承包人应在该项工作实施结束后的 24h 内向发包人提交有计日工记录汇总的现场签证报告一式三份。发包人在收到承包人提交现场签证报告后的 2d 内予以确认并将其中一份返还给承包人，作为计日工计价和支付的依据。发包人逾期未确认也未提出修改意见的，应视为承包人提交的现场签证报告已被发包人认可。

（4）任一计日工项目实施结束后，承包人应按照确认的计日工现场签证报告核实该类项目的工程数量，并应根据核实的工程数量和承包人已标价工程量清单中的计日工单价计算，提出应付价款；已标价工程量清单中没有该类计日工单价的，由发承包双方按第 3 条"工程变更"的规定商定计日工单价计算。

（5）每个支付期末，承包人应按照 1.3.8 中"进度款"的规定向发包人提交本期间所有计日工记录的签证汇总表，并应说明本期间自己认为有权得到的计日工金额，调整合同价款，列入进度款支付。

8. 物价变化

（1）合同履行期间，因人工、材料、工程设备、机械台班价格波动影响合同价款时，应根据合同约定，按物价变化合同价款调整方法调整合同价款。物价变化合同价款调整方法主要有以下两种：

1）价格指数调整价格差额。

①价格调整公式。因人工、材料和工程设备、施工机械台班等价格波动影响合同价格时，根据招标人提供的"承包人提供主要材料和工程设备一览表（适用于价格指数差额调整法）（见附录 A 中的表-22）"，并由投标人在投标函附录中的价格指数和权重表约定的数据，应按下式计算差额并调整合同价款：

$$\Delta P = P_0 \left[A + \left(B_1 \times \frac{F_{t1}}{F_{01}} \times B_2 \times \frac{F_{t2}}{F_{02}} \times B_3 \times \frac{F_{t3}}{F_{03}} + \cdots + B_n \times \frac{F_{tn}}{F_{0n}} \right) - 1 \right] \tag{1-3}$$

式中　　　　　　　ΔP——需调整的价格差额；

P_0——约定的付款证书中承包人应得到的已完成工程量的金额。此项金额应不包括价格调整、不计质量保证金的扣留和支付、预付款的支付和扣回。约定的变更及其他金额已按现行价格计价的，也不计在内；

A——定值权重（即不调部分的权重）；

B_1、B_2、B_3、…、B_n——各可调因子的变值权重（即可调部分的权重），为各可调因子在投标函投标总报价中所占的比例；

F_{t1}、F_{t2}、F_{t3}、…、F_{tn}——各可调因子的现行价格指数，指约定的付款证书相关周期最后一天的前 42d 的各可调因子的价格指数；

F_{01}、F_{02}、F_{03}、…、F_{0n}——各可调因子的基本价格指数，指基准日期的各可调因子的价格指数。

以上价格调整公式中的各可调因子、定值和变值权重，以及基本价格指数及其来源在投标函附录价格指数和权重表中约定。价格指数应首先采用工程造价管理机构提供的价格指数，缺乏上述价格指数时，可采用工程造价管理机构提供的价格代替。

②暂时确定调整差额。在计算调整差额时得不到现行价格指数的，可暂用上一次价格指数计算，并在以后的付款中再按实际价格指数进行调整。

③权重的调整。约定的变更导致原定合同中的权重不合理时，由承包人和发包人协商后进行调整。

④承包人工期延误后的价格调整。由于承包人原因未在约定的工期内竣工的，对原约定竣工日期后继续施工的工程，在使用第①条的价格调整公式时，应采用原约定竣工日期与实际竣工日期的两个价格指数中较低的一个作为现行价格指数。

⑤若可调因子包括了人工在内，则不适用 1.3.2 中"计价风险"中 2）的规定。

2）造价信息调整价格差额。

①施工期内，因人工、材料和工程设备、施工机械台班价格波动影响合同价格时，人工、机械使用费按照国家或省、自治区、直辖市建设行政管理部门、行业建设管理部门或其授权的工程造价管理机构发布的人工成本信息、机械台班单价或机械使用费系数进行调整；需要进行价格调整的材料，其单价和采购数应由发包人复核，发包人确认需调整的材料单价及数量，作为调整合同价款差额的依据。

②人工单价发生变化且符合 1.3.2 中"计价风险"中 2）的规定的条件时，发承包双方应按省级或行业建设主管部门或其授权的工程造价管理机构发布的人工成本文件调整合同价款。

③材料、工程设备价格变化按照发包人提供的《承包人提供主要材料和工程设备一

览表（适用于造价信息差额调整法）》（见表附录 A 中表-21），由发承包双方约定的风险范围按下列规定调整合同价款：

a. 承包人投标报价中材料单价低于基准单价：施工期间材料单价涨幅以基准单价为基础超过合同约定的风险幅度值，或材料单价跌幅以投标报价为基础超过合同约定的风险幅度值时，其超过部分按实调整。

b. 承包人投标报价中材料单价高于基准单价：施工期间材料单价跌幅以基准单价为基础超过合同约定的风险幅度值，或材料单价涨幅以投标报价为基础超过合同约定的风险幅度值时，其超过部分按实调整。

c. 承包人投标报价中材料单价等于基准单价：施工期间材料单价涨、跌幅以基准单价为基础超过合同约定的风险幅度值时，其超过部分按实调整。

d. 承包人应在采购材料前将采购数量和新的材料单价报送发包人核对，确认用于本合同工程时，发包人应确认采购材料的数量和单价。发包人在收到承包人报送的确认资料后 3 个工作日不予答复的视为已经认可，作为调整合同价款的依据。如果承包人未报经发包人核对即自行采购材料，再报发包人确认调整合同价款的，如发包人不同意，则不作调整。

④施工机械台班单价或施工机械使用费发生变化超过省级或行业建设主管部门或其授权的工程造价管理机构规定的范围时，按其规定调整合同价款。

（2）承包人采购材料和工程设备的，应在合同中约定主要材料、工程设备价格变化的范围或幅度；当没有约定，且材料、工程设备单价变化超过 5% 时，超过部分的价格应按照以上两种物价变化合同价款调整方法计算调整材料、工程设备费。

（3）发生合同工程工期延误的，应按照下列规定确定合同履行期的价格调整：

1）因非承包人原因导致工期延误的，计划进度日期后续工程的价格，应采用计划进度日期与实际进度日期两者的较高者。

2）因承包人原因导致工期延误的，计划进度日期后续工程的价格，应采用计划进度日期与实际进度日期两者的较低者。

（4）发包人供应材料和工程设备的，不适用（1）、（2）规定，应由发包人按照实际变化调整，列入合同工程的工程造价内。

9. 暂估价

（1）发包人在招标工程量清单中给定暂估价的材料、工程设备属于依法必须招标的，应由发承包双方以招标的方式选择供应商，确定价格，并应以此为依据取代暂估价，调整合同价款。

（2）发包人在招标工程量清单中给定暂估价的材料、工程设备不属于依法必须招标的，应由承包人按照合同约定采购，经发包人确认单价后取代暂估价，调整合同价款。

（3）发包人在工程量清单中给定暂估价的专业工程不属于依法必须招标的，应按照第 3 条"工程变更"相应条款的规定确定专业工程价款，并应以此为依据取代专业工程暂估价，调整合同价款。

（4）发包人在招标工程量清单中给定暂估价的专业工程，依法必须招标的，应当由发承包双方依法组织招标选择专业分包人，并接受有管辖权的建设工程招标投标管理机构的监督，还应符合下列要求：

1）除合同另有约定外，承包人不参加投标的专业工程发包招标，应由承包人作为招标人，但拟定的招标文件、评标工作、评标结果应报送发包人批准。与组织招标工作有关的费用应当被认为已经包括在承包人的签约合同价（投标总报价）中。

2）承包人参加投标的专业工程发包招标，应由发包人作为招标人，与组织招标工作有关的费用由发包人承担。同等条件下，应优先选择承包人中标。

3）应以专业工程发包中标价为依据取代专业工程暂估价，调整合同价款。

10. 不可抗力

因不可抗力事件导致的人员伤亡、财产损失及其费用增加，发承包双方应按下列原则分别承担并调整合同价款和工期：

（1）合同工程本身的损害、因工程损害导致第三方人员伤亡和财产损失以及运至施工场地用于施工的材料和待安装的设备的损害，应由发包人承担。

（2）发包人、承包人人员伤亡应由其所在单位负责，并应承担相应费用。

（3）承包人的施工机械设备损坏及停工损失，应由承包人承担。

（4）停工期间，承包人应发包人要求留在施工场地的必要的管理人员及保卫人员的费用应由发包人承担。

（5）工程所需清理、修复费用，应由发包人承担。

11. 提前竣工（赶工补偿）

（1）招标人应依据相关工程的工期定额合理计算工期，压缩的工期天数不得超过定额工期的20%，超过者，应在招标文件中明示增加赶工费用。

（2）发包人要求合同工程提前竣工的，应征得承包人同意后与承包人商定采取加快工程进度的措施，并应修订合同工程进度计划。发包人应承担承包人由此增加的提前竣工（赶工补偿）费用。

（3）发承包双方应在合同中约定提前竣工每日历天应补偿额度，此项费用应作为增加合同价款列入竣工结算文件中，应与结算款一并支付。

12. 误期赔偿

（1）承包人未按照合同约定施工，导致实际进度迟于计划进度的，承包人应加快进度，实现合同工期。

合同工程发生误期，承包人应赔偿发包人由此造成的损失，并应按照合同约定向发包人支付误期赔偿费。即使承包人支付误期赔偿费，也不能免除承包人按照合同约定应承担的任何责任和应履行的任何义务。

（2）发承包双方应在合同中约定误期赔偿费，并应明确每日历天应赔额度。误期赔偿费应列入竣工结算文件中，并应在结算款中扣除。

（3）在工程竣工之前，合同工程内的某单项（位）工程已通过了竣工验收，且该单项（位）工程接收证书中表明的竣工日期并未延误，而是合同工程的其他部分产生了工期延误时，误期赔偿费应按照已颁发工程接收证书的单项（位）工程造价占合同价款的比例幅度予以扣减。

13. 索赔

（1）当合同一方向另一方提出索赔时，应有正当的索赔理由和有效证据，并应符合合同的相关约定。

（2）根据合同约定，承包人认为非承包人原因发生的事件造成了承包人的损失，应按下列程序向发包人提出索赔：

1）承包人应在知道或应当知道索赔事件发生后 28d 内，向发包人提交索赔意向通知书，说明发生索赔事件的事由。承包人逾期未发出索赔意向通知书的，丧失索赔的权利。

2）承包人应在发出索赔意向通知书后 28d 内，向发包人正式提交索赔通知书。索赔通知书应详细说明索赔理由和要求，并应附必要的记录和证明材料。

3）索赔事件具有连续影响的，承包人应继续提交延续索赔通知，说明连续影响的实际情况和记录。

4）在索赔事件影响结束后的 28d 内，承包人应向发包人提交最终索赔通知书，说明最终索赔要求，并应附必要的记录和证明材料。

（3）承包人索赔应按下列程序处理：

1）发包人收到承包人的索赔通知书后，应及时查验承包人的记录和证明材料。

2）发包人应在收到索赔通知书或有关索赔的进一步证明材料后的 28d 内，将索赔处理结果答复承包人，如果发包人逾期未作出答复，视为承包人索赔要求已被发包人认可。

3）承包人接受索赔处理结果的，索赔款项应作为增加合同价款，在当期进度款中进行支付；承包人不接受索赔处理结果的，应按合同约定的争议解决方式办理。

（4）承包人要求赔偿时，可以选择下列一项或几项方式获得赔偿：

1）延长工期。

2）要求发包人支付实际发生的额外费用。

3）要求发包人支付合理的预期利润。

4）要求发包人按合同的约定支付违约金。

（5）当承包人的费用索赔与工期索赔要求相关联时，发包人在作出费用索赔的批准决定时，应结合工程延期，综合作出费用赔偿和工程延期的决定。

（6）发承包双方在按合同约定办理了竣工结算后，应被认为承包人已无权再提出竣工结算前所发生的任何索赔。承包人在提交的最终结清申请中，只限于提出竣工结算后的索赔，提出索赔的期限应自发承包双方最终结清时终止。

（7）根据合同约定，发包人认为由于承包人的原因造成发包人的损失，宜按承包人索赔的程序进行索赔。

（8）发包人要求赔偿时，可以选择下列一项或几项方式获得赔偿：

1）延长质量缺陷修复期限。

2）要求承包人支付实际发生的额外费用。

3）要求承包人按合同的约定支付违约金。

（9）承包人应付给发包人的索赔金额可从拟支付给承包人的合同价款中扣除，或由承包人以其他方式支付给发包人。

14. 现场签证

（1）承包人应发包人要求完成合同以外的零星项目、非承包人责任事件等工作的，发包人应及时以书面形式向承包人发出指令，并应提供所需的相关资料；承包人在收到指令后，应及时向发包人提出现场签证要求。

（2）承包人应在收到发包人指令后的 7d 内向发包人提交现场签证报告，发包人应在收到现场签证报告后的48h内对报告内容进行核实，予以确认或提出修改意见。发包人在收到承包人现场签证报告后的48h内未确认也未提出修改意见的，应视为承包人提交的现场签证报告已被发包人认可。

（3）现场签证的工作如已有相应的计日工单价，现场签证中应列明完成该类项目所需的人工、材料、工程设备和施工机械台班的数量。

如现场签证的工作没有相应的计日工单价，应在现场签证报告中列明完成该签证工作所需的人工、材料设备和施工机械台班的数量及单价。

（4）合同工程发生现场签证事项，未经发包人签证确认，承包人便擅自施工的，除非征得发包人书面同意，否则发生的费用应由承包人承担。

（5）现场签证工作完成后的7d内，承包人应按照现场签证内容计算价款，报送发包人确认后，作为增加合同价款，与进度款同期支付。

（6）在施工过程中，当发现合同工程内容因场地条件、地质水文、发包人要求等不一致时，承包人应提供所需的相关资料，并提交发包人签证认可，作为合同价款调整的依据。

15. 暂列金额

（1）已签约合同价中的暂列金额应由发包人掌握使用。

（2）发包人按照1～14条的规定支付后，暂列金额余额应归发包人所有。

1.3.8 合同价款期中支付

1. 预付款

（1）承包人应将预付款专用于合同工程。

（2）包工包料工程的预付款的支付比例不得低于签约合同价（扣除暂列金额）的10%，不宜高于签约合同价（扣除暂列金额）的30%。

（3）承包人应在签订合同或向发包人提供与预付款等额的预付款保函后向发包人提交预付款支付申请。

（4）发包人应在收到支付申请的7d内进行核实，向承包人发出预付款支付证书，并在签发支付证书后的7d内向承包人支付预付款。

（5）发包人没有按合同约定按时支付预付款的，承包人可催告发包人支付；发包人在预付款期满后的7d内仍未支付的，承包人可在付款期满后的第8d起暂停施工。发包人应承担由此增加的费用和延误的工期，并应向承包人支付合理利润。

（6）预付款应从每一个支付期应支付给承包人的工程进度款中扣回，直到扣回的金额达到合同约定的预付款金额为止。

（7）承包人的预付款保函的担保金额根据预付款扣回的数额相应递减，但在预付款全部扣回之前一直保持有效。发包人应在预付款扣完后的14d内将预付款保函退还给承包人。

2. 安全文明施工费

（1）安全文明施工费包括的内容和使用范围，应符合国家有关文件和计量规范的规定。

（2）发包人应在工程开工后的28d内预付不低于当年施工进度计划的安全文明施工

费总额的60%，其余部分应按照提前安排的原则进行分解，并应与进度款同期支付。

（3）发包人没有按时支付安全文明施工费的，承包人可催告发包人支付；发包人在付款期满后的7d内仍未支付的，若发生安全事故，发包人应承担相应责任。

（4）承包人对安全文明施工费应专款专用，在财务账目中应单独列项备查，不得挪作他用，否则发包人有权要求其限期改正；逾期未改正的，造成的损失和延误的工期应由承包人承担。

3. 进度款

（1）发承包双方应按照合同约定的时间、程序和方法，根据工程计量结果，办理期中价款结算，支付进度款。

（2）进度款支付周期应与合同约定的工程计量周期一致。

（3）已标价工程量清单中的单价项目，承包人应按工程计量确认的工程量与综合单价计算；综合单价发生调整的，以发承包双方确认调整的综合单价计算进度款。

（4）已标价工程量清单中的总价项目和按照1.3.6中"总价合同的计量"中2）的规定形成的总价合同，承包人应按合同中约定的进度款支付分解，分别列入进度款支付申请中的安全文明施工费和本周期应支付的总价项目的金额中。

（5）发包人提供的甲供材料金额，应按照发包人签约提供的单价和数量从进度款支付中扣除，列入本周期应扣减的金额中。

（6）承包人现场签证和得到发包人确认的索赔金额应列入本周期应增加的金额中。

（7）进度款的支付比例按照合同约定，按期中结算价款总额计，不低于60%，不高于90%。

（8）承包人应在每个计量周期到期后的7d内向发包人提交已完工程进度款支付申请一式四份，详细说明此周期认为有权得到的款额，包括分包人已完工程的价款。支付申请应包括下列内容：

1）累计已完成的合同价款。

2）累计已实际支付的合同价款。

3）本周期合计完成的合同价款。

①本周期已完成单价项目的金额。

②本周期应支付的总价项目的金额。

③本周期已完成的计日工价款。

④本周期应支付的安全文明施工费。

⑤本周期应增加的金额。

4）本周期合计应扣减的金额。

①本周期应扣回的预付款。

②本周期应扣减的金额。

5）本周期实际应支付的合同价款。

（9）发包人应在收到承包人进度款支付申请后的14d内，根据计量结果和合同约定对申请内容予以核实，确认后向承包人出具进度款支付证书。若发承包双方对部分清单项目的计量结果出现争议，发包人应对无争议部分的工程计量结果向承包人出具进度款支付证书。

（10）发包人应在签发进度款支付证书后的14d内，按照支付证书列明的金额向承包人支付进度款。

（11）若发包人逾期未签发进度款支付证书，则视为承包人提交的进度款支付申请已被发包人认可，承包人可向发包人发出催告付款的通知。发包人应在收到通知后的14d内，按照承包人支付申请的金额向承包人支付进度款。

（12）发包人未按照（9）～（11）的规定支付进度款的，承包人可催告发包人支付，并有权获得延迟支付的利息；发包人在付款期满后的7d内仍未支付的，承包人可在付款期满后的第8d起暂停施工。发包人应承担由此增加的费用和延误的工期，向承包人支付合理利润，并应承担违约责任。

（13）发现已签发的任何支付证书有错、漏或重复的数额，发包人有权予以修正，承包人也有权提出修正申请。经发承包双方复核同意修正的，应在本次到期的进度款中支付或扣除。

1.3.9 竣工结算与支付

1. 一般规定

（1）工程完工后。发承包双方必须在合同约定时间内办理工程竣工结算。

（2）工程竣工结算应由承包人或受其委托具有相应资质的工程造价咨询人编制，并应由发包人或受其委托具有相应资质的工程造价咨询人核对。

（3）当发承包双方或一方对工程造价咨询人出具的竣工结算文件有异议时，可向工程造价管理机构投诉，申请对其进行执业质量鉴定。

（4）工程造价管理机构对投诉的竣工结算文件进行质量鉴定，宜按"工程造价鉴定"的相关规定进行。

（5）竣工结算办理完毕，发包人应将竣工结算文件报送工程所在地或有该工程管辖权的行业管理部门的工程造价管理机构备案，竣工结算文件应作为工程竣工验收备案、交付使用的必备文件。

2. 编制与复核

（1）工程竣工结算应根据下列依据编制和复核：

1）《建设工程工程量清单计价规范》（GB 50500—2013）。

2）工程合同。

3）发承包双方实施过程中已确认的工程量及其结算的合同价款。

4）发承包双方实施过程中已确认调整后追加（减）的合同价款。

5）建设工程设计文件及相关资料。

6）投标文件。

7）其他依据。

（2）分部分项工程和措施项目中的单价项目应依据发承包双方确认的工程量与已标价工程量清单的综合单价计算；发生调整的，应以发承包双方确认调整的综合单价计算。

（3）措施项目中的总价项目应依据已标价工程量清单的项目和金额计算；发生调整的，应以发承包双方确认调整的金额计算，其中安全文明施工费应按1.3.2中"计价方式"5）的规定计算。

（4）其他项目应按下列规定计价：

1）计日工应按发包人实际签证确认的事项计算。

2）暂估价应按 1.3.7 中"暂估价"的规定计算。

3）总承包服务费应依据已标价工程量清单金额计算；发生调整的，应以发承包双方确认调整的金额计算。

4）索赔费用应依据发承包双方确认的索赔事项和金额计算。

5）现场签证费用应依据发承包双方签证资料确认的金额计算。

6）暂列金额应减去合同价款调整（包括索赔、现场签证）金额计算，如有余额归发包人。

（5）规费和税金应按 1.3.2 中"计价方式"（6）的规定计算。规费中的工程排污费应按工程所在地环境保护部门规定的标准缴纳后按实列入。

（6）发承包双方在合同工程实施过程中已经确认的工程计量结果和合同价款，在竣工结算办理中应直接进入结算。

3. 竣工结算

（1）合同工程完成后，承包人应在经发承包双方确认的合同工程期中价款结算的基础上汇总编制完成竣工结算文件，应在提交竣工验收申请的同时向发包人提交竣工结算文件。

承包人未在合同约定的时间内提交竣工结算文件，经发包人催告后 14d 内仍未提交或没有明确答复的，发包人有权根据已有资料编制竣工结算文件，作为办理竣工结算和支付结算款的依据，承包人应予以认可。

（2）发包人应在收到承包人提交的竣工结算文件后的 28d 内核对。发包人经核实，认为承包人还应进一步补充资料和修改结算文件，应在上述时限内向承包人提出核实意见，承包人在收到核实意见后的 28d 内应按照发包人提出的合理要求补充资料，修改竣工结算文件，并应再次提交给发包人复核后批准。

（3）发包人应在收到承包人再次提交的竣工结算文件后的 28d 内予以复核，将复核结果通知承包人，并应遵守下列规定：

1）发包人、承包人对复核结果无异议的，应在 7d 内在竣工结算文件上签字确认，竣工结算办理完毕；

2）发包人或承包人对复核结果认为有误的，无异议部分按照（1）规定办理不完全竣工结算；有异议部分由发承包双方协商解决；协商不成的，应按照合同约定的争议解决方式处理。

（4）发包人在收到承包人竣工结算文件后的 28d 内，不核对竣工结算或未提出核对意见的，应视为承包人提交的竣工结算文件已被发包人认可，竣工结算办理完毕。

（5）承包人在收到发包人提出的核实意见后的 28d 内，不确认也未提出异议的，应视为发包人提出的核实意见已被承包人认可，竣工结算办理完毕。

（6）发包人委托工程造价咨询人核对竣工结算的，工程造价咨询人应在 28d 内核对完毕，核对结论与承包人竣工结算文件不一致的，应提交给承包人复核；承包人应在 14d 内将同意核对结论或不同意见的说明提交工程造价咨询人。工程造价咨询人收到承包人提出的异议后，应再次复核，复核无异议的，应按第（3）条中 1）的规定办理，复核后仍有异议的，按第（3）条中2）的规定办理。

承包人逾期未提出书面异议的，应视为工程造价咨询人核对的竣工结算文件已经承包人认可。

（7）对发包人或发包人委托的工程造价咨询人指派的专业人员与承包人指派的专业人员经核对后无异议并签名确认的竣工结算文件，除非发承包人能提出具体、详细的不同意见，发承包人都应在竣工结算文件上签名确认，如其中一方拒不签认的，按下列规定办理：

1）若发包人拒不签认的，承包人可不提供竣工验收备案资料，并有权拒绝与发包人或其上级部门委托的工程造价咨询人重新核对竣工结算文件。

2）若承包人拒不签认的，发包人要求办理竣工验收备案的，承包人不得拒绝提供竣工验收资料，否则，由此造成的损失，承包人承担相应责任。

（8）合同工程竣工结算核对完成，发承包双方签字确认后，发包人不得要求承包人与另一个或多个工程造价咨询人重复核对竣工结算。

（9）发包人对工程质量有异议，拒绝办理工程竣工结算的，已竣工验收或已竣工未验收但实际投入使用的工程，其质量争议应按该工程保修合同执行，竣工结算应按合同约定办理；已竣工未验收且未实际投入使用的工程以及停工、停建工程的质量争议，双方应就有争议的部分委托有资质的检测鉴定机构进行检测，并应根据检测结果确定解决方案，或按工程质量监督机构的处理决定执行后办理竣工结算，无争议部分的竣工结算应按合同约定办理。

4. 结算款支付

（1）承包人应根据办理的竣工结算文件向发包人提交竣工结算款支付申请。申请应包括下列内容：

1）竣工结算合同价款总额。

2）累计已实际支付的合同价款。

3）应预留的质量保证金。

4）实际应支付的竣工结算款金额。

（2）发包人应在收到承包人提交竣工结算款支付申请后7d内予以核实，向承包人签发竣工结算支付证书。

（3）发包人签发竣工结算支付证书后的14d内，应按照竣工结算支付证书列明的金额向承包人支付结算款。

（4）发包人在收到承包人提交的竣工结算款支付申请后7d内不予核实，不向承包人签发竣工结算支付证书的，视为承包人的竣工结算款支付申请已被发包人认可；发包人应在收到承包人提交的竣工结算款支付申请7d后的14d内，按照承包人提交的竣工结算款支付申请列明的金额向承包人支付结算款。

（5）发包人未按照（3）、（4）规定支付竣工结算款的，承包人可催告发包人支付，并有权获得延迟支付的利息。发包人在竣工结算支付证书签发后或者在收到承包人提交的竣工结算款支付申请7d后的56d内仍未支付的，除法律另有规定外，承包人可与发包人协商将该工程折价，也可直接向人民法院申请将该工程依法拍卖。承包人应就该工程折价或拍卖的价款优先受偿。

5. 质量保证金

（1）发包人应按照合同约定的质量保证金比例从结算款中预留质量保证金。

（2）承包人未按照合同约定履行属于自身责任的工程缺陷修复义务的，发包人有权从质量保证金中扣除用于缺陷修复的各项支出。经查验，工程缺陷属于发包人原因造成的，应由发包人承担查验和缺陷修复的费用。

（3）在合同约定的缺陷责任期终止后，发包人应按照下文中"最终结清"的规定，将剩余的质量保证金返还给承包人。

6. 最终结清

（1）缺陷责任期终止后，承包人应按照合同约定向发包人提交最终结清支付申请。发包人对最终结清支付申请有异议的，有权要求承包人进行修正和提供补充资料。承包人修正后，应再次向发包人提交修正后的最终结清支付申请。

（2）发包人应在收到最终结清支付申请后的 14d 内予以核实，并应向承包人签发最终结清支付证书。

（3）发包人应在签发最终结清支付证书后的 14d 内，按照最终结清支付证书列明的金额向承包人支付最终结清款。

（4）发包人未在约定的时间内核实，又未提出具体意见的，应视为承包人提交的最终结清支付申请已被发包人认可。

（5）发包人未按期最终结清支付的，承包人可催告发包人支付，并有权获得延迟支付的利息。

（6）最终结清时，承包人被预留的质量保证金不足以抵减发包人工程缺陷修复费用的，承包人应承担不足部分的补偿责任。

（7）承包人对发包人支付的最终结清款有异议的，应按照合同约定的争议解决方式处理。

1.3.10 合同解除的价款结算与支付

（1）发承包双方协商一致解除合同的，应按照达成的协议办理结算和支付合同价款。

（2）由于不可抗力致使合同无法履行解除合同的，发包人应向承包人支付合同解除之日前已完成工程但尚未支付的合同价款，此外，还应支付下列金额：

1）1.3.7 中"提前竣工（赶工补偿）"（1）的规定的由发包人承担的费用。

2）已实施或部分实施的措施项目应付价款。

3）承包人为合同工程合理订购且已交付的材料和工程设备货款。

4）承包人撤离现场所需的合理费用，包括员工遣送费和临时工程拆除、施工设备运离现场的费用。

5）承包人为完成合同工程而预期开支的任何合理费用，且该项费用未包括在本款其他各项支付之内。

发承包双方办理结算合同价款时，应扣除合同解除之日前发包人应向承包人收回的价款。当发包人应扣除的金额超过了应支付的金额，承包人应在合同解除后的 56d 内将其差额退还给发包人。

（3）因承包人违约解除合同的，发包人应暂停向承包人支付任何价款。发包人应在合同解除后 28d 内核实合同解除时承包人已完成的全部合同价款以及按施工进度计划已运至现场的材料和工程设备货款，按合同约定核算承包人应支付的违约金以及造成损失的索赔金额，并将结果通知承包人。发承包双方应在 28d 内予以确认或提出意见，并应办理结算合同价款。如果发包人应扣除的金额超过了应支付的金额，承包人应在合同解除后的 56d 内将其差额退还给发包人。发承包双方不能就解除合同后的结算达成一致的，按照合同约定的争议解决方式处理。

（4）因发包人违约解除合同的，发包人除应按照（2）的规定向承包人支付各项价款外，应按合同约定核算发包人应支付的违约金以及给承包人造成损失或损害的索赔金额费用。该笔费用应由承包人提出，发包人核实后应与承包人协商确定后的 7d 内向承包人签发支付证书。协商不能达成一致的，应按照合同约定的争议解决方式处理。

1.3.11　合同价款争议的解决

1. 监理或造价工程师暂定

（1）若发包人和承包人之间就工程质量、进度、价款支付与扣除、工期延期、索赔、价款调整等发生任何法律上、经济上或技术上的争议，首先应根据已签约合同的规定，提交合同约定职责范围内的总监理工程师或造价工程师解决，并应抄送另一方。总监理工程师或造价工程师在收到此提交件后 14d 内应将暂定结果通知发包人和承包人。发承包双方对暂定结果认可的，应以书面形式予以确认，暂定结果成为最终决定。

（2）发承包双方在收到总监理工程师或造价工程师的暂定结果通知之后的 14d 内未对暂定结果予以确认也未提出不同意见的，应视为发承包双方已认可该暂定结果。

（3）发承包双方或一方不同意暂定结果的，应以书面形式向总监理工程师或造价工程师提出，说明自己认为正确的结果，同时抄送另一方，此时该暂定结果成为争议。在暂定结果对发承包双方当事人履约不产生实质影响的前提下，发承包双方应实施该结果，直到按照发承包双方认可的争议解决办法被改变为止。

2. 管理机构的解释或认定

（1）合同价款争议发生后，发承包双方可就工程计价依据的争议以书面形式提请工程造价管理机构对争议以书面文件进行解释或认定。

（2）工程造价管理机构应在收到申请的 10 个工作日内就发承包双方提请的争议问题进行解释或认定。

（3）发承包双方或一方在收到工程造价管理机构书面解释或认定后仍可按照合同约定的争议解决方式提请仲裁或诉讼。除工程造价管理机构的上级管理部门作出了不同的解释或认定，或在仲裁裁决或法院判决中不予采信的外，工程造价管理机构作出的书面解释或认定应为最终结果，并应对发承包双方均有约束力。

3. 协商和解

（1）合同价款争议发生后，发承包双方任何时候都可以进行协商。协商达成一致的，双方应签订书面和解协议，和解协议对发承包双方均有约束力。

（2）如果协商不能达成一致协议，发包人或承包人都可以按合同约定的其他方式解决争议。

4. 调解

（1）发承包双方应在合同中约定或在合同签订后共同约定争议调解人，负责双方在合同履行过程中发生争议的调解。

（2）合同履行期间，发承包双方可协议调换或终止任何调解人，但发包人或承包人都不能单独采取行动。除非双方另有协议，在最终结清支付证书生效后，调解人的任期应即终止。

（3）如果发承包双方发生了争议，任何一方可将该争议以书面形式提交调解人，并将副本抄送另一方，委托调解人调解。

（4）发承包双方应按照调解人提出的要求，给调解人提供所需要的资料、现场进入权及相应设施。调解人应被视为不是在进行仲裁人的工作。

（5）调解人应在收到调解委托后28d内或由调解人建议并经发承包双方认可的其他期限内提出调解书，发承包双方接受调解书的，经双方签字后作为合同的补充文件，对发承包双方均具有约束力，双方都应立即遵照执行。

（6）当发承包双方中任一方对调解人的调解书有异议时，应在收到调解书后28d内向另一方发出异议通知，并应说明争议的事项和理由。但除非并直到调解书在协商和解或仲裁裁决、诉讼判决中作出修改，或合同已经解除，承包人应继续按照合同实施工程。

（7）当调解人已就争议事项向发承包双方提交了调解书，而任一方在收到调解书后28d内均未发出表示异议的通知时，调解书对发承包双方应均具有约束力。

5. 仲裁、诉讼

（1）发承包双方的协商和解或调解均未达成一致意见，其中的一方已就此争议事项根据合同约定的仲裁协议申请仲裁，应同时通知另一方。

（2）仲裁可在竣工之前或之后进行，但发包人、承包人、调解人各自的义务不得因在工程实施期间进行仲裁而有所改变。当仲裁是在仲裁机构要求停止施工的情况下进行时，承包人应对合同工程采取保护措施，由此增加的费用应由败诉方承担。

（3）在1.～4.的期限之内，暂定或和解协议或调解书已经有约束力的情况下，当发承包中一方未能遵守暂定或和解协议或调解书时，另一方可在不损害他可能具有的任何其他权利的情况下，将未能遵守暂定或不执行和解协议或调解书达成的事项提交仲裁。

（4）发包人、承包人在履行合同时发生争议，双方不愿和解、调解或者和解、调解不成，又没有达成仲裁协议的，可依法向人民法院提起诉讼。

1.3.12 工程造价鉴定

1. 一般鉴定

（1）在工程合同价款纠纷案件处理中，需作工程造价司法鉴定的，应委托具有相应资质的工程造价咨询人进行。

（2）工程造价咨询人接受委托时提供工程造价司法鉴定服务，应按仲裁、诉讼程序和要求进行，并应符合国家关于司法鉴定的规定。

（3）工程造价咨询人进行工程造价司法鉴定时，应指派专业对口、经验丰富的注册造价工程师承担鉴定工作。

（4）工程造价咨询人应在收到工程造价司法鉴定资料后10d内，根据自身专业能力和证据资料判断能否胜任该项委托，如不能，应辞去该项委托。工程造价咨询人不得在鉴定期满后以上述理由不作出鉴定结论，影响案件处理。

（5）接受工程造价司法鉴定委托的工程造价咨询人或造价工程师如是鉴定项目一方当事人的近亲属或代理人、咨询人以及其他关系可能影响鉴定公正的，应当自行回避；未自行回避，鉴定项目委托人以该理由要求其回避的，必须回避。

（6）工程造价咨询人应当依法出庭接受鉴定项目当事人对工程造价司法鉴定意见书的质询。如确因特殊原因无法出庭的，经审理该鉴定项目的仲裁机关或人民法院准许，可以书面形式答复当事人的质询。

2. **取证**

（1）工程造价咨询人进行工程造价鉴定工作时，应自行收集以下（但不限于）鉴定资料：

1）适用于鉴定项目的法律、法规、规章、规范性文件以及规范、标准、定额。

2）鉴定项目同时期同类型工程的技术经济指标及其各类要素价格等。

（2）工程造价咨询人收集鉴定项目的鉴定依据时，应向鉴定项目委托人提出具体书面要求，其内容包括：

1）与鉴定项目相关的合同、协议及其附件。

2）相应的施工图纸等技术经济文件。

3）施工过程中的施工组织、质量、工期和造价等工程资料。

4）存在争议的事实及各方当事人的理由。

5）其他有关资料。

（3）工程造价咨询人在鉴定过程中要求鉴定项目当事人对缺陷资料进行补充的，应征得鉴定项目委托人同意，或者协调鉴定项目各方当事人共同签认。

（4）根据鉴定工作需要现场勘验的，工程造价咨询人应提请鉴定项目委托人组织各方当事人对被鉴定项目所涉及的实物标的进行现场勘验。

（5）勘验现场应制作勘验记录、笔录或勘验图表，记录勘验的时间、地点、勘验人、在场人、勘验经过、结果，由勘验人、在场人签名或者盖章确认。绘制的现场图应注明绘制的时间、测绘人姓名、身份等内容。必要时应采取拍照或摄像取证，留下影像资料。

（6）鉴定项目当事人未对现场勘验图表或勘验笔录等签字确认的，工程造价咨询人应提请鉴定项目委托人决定处理意见，并在鉴定意见书中作出表述。

3. **鉴定**

（1）工程造价咨询人在鉴定项目合同有效的情况下应根据合同约定进行鉴定，不得任意改变双方合法的合意。

（2）工程造价咨询人在鉴定项目合同无效或合同条款约定不明确的情况下应根据法律法规、相关国家标准和《建设工程工程量清单计价规范》（GB 50500—2013）的规定，选择相应专业工程的计价依据和方法进行鉴定。

（3）工程造价咨询人出具正式鉴定意见书之前，可报请鉴定项目委托人向鉴定项目各方当事人发出鉴定意见书征求意见稿，并指明应书面答复的期限及其不答复的相应法律责任。

（4）工程造价咨询人收到鉴定项目各方当事人对鉴定意见书征求意见稿的书面复函

后，应对不同意见认真复核，修改完善后再出具正式鉴定意见书。

（5）工程造价咨询人出具的工程造价鉴定书应包括下列内容：

1）鉴定项目委托人名称、委托鉴定的内容。

2）委托鉴定的证据材料。

3）鉴定的依据及使用的专业技术手段。

4）对鉴定过程的说明。

5）明确的鉴定结论。

6）其他需说明的事宜。

7）工程造价咨询人盖章及注册造价工程师签名盖执业专用章。

（6）工程造价咨询人应在委托鉴定项目的鉴定期限内完成鉴定工作，如确因特殊原因不能在原定期限内完成鉴定工作时，应按照相应法规提前向鉴定项目委托人申请延长鉴定期限，并应在此期限内完成鉴定工作。

经鉴定项目委托人同意等待鉴定项目当事人提交、补充证据的，质证所用的时间不应计入鉴定期限。

（7）对于已经出具的正式鉴定意见书中有部分缺陷的鉴定结论，工程造价咨询人应通过补充鉴定作出补充结论。

1.3.13　工程计价资料与档案

1. 计价资料

（1）发承包双方应当在合同中约定各自在合同工程中现场管理人员的职责范围，双方现场管理人员在职责范围内签字确认的书面文件是工程计价的有效凭证，但如有其他有效证据或经实证证明其是虚假的除外。

（2）发承包双方不论在何种场合对与工程计价有关的事项所给予的批准、证明、同意、指令、商定、确定、确认、通知和请求，或表示同意、否定、提出要求和意见等，均应采用书面形式，口头指令不得作为计价凭证。

（3）任何书面文件送达时，应由对方签收，通过邮寄应采用挂号、特快专递传送，或以发承包双方商定的电子传输方式发送，交付、传送或传输至指定的接收人的地址。如接收人通知了另外地址时，随后通信信息应按新地址发送。

（4）发承包双方分别向对方发出的任何书面文件，均应将其抄送现场管理人员，如系复印件应加盖合同工程管理机构印章，证明与原件相同。双方现场管理人员向对方所发任何书面文件，也应将其复印件发送给发承包双方，复印件应加盖合同工程管理机构印章，证明与原件相同。

（5）发承包双方均应当及时签收另一方送达其指定接收地点的来往信函，拒不签收的，送达信函的一方可以采用特快专递或者公证方式送达，所造成的费用增加（包括被迫采用特殊送达方式所发生的费用）和延误的工期由拒绝签收一方承担。

（6）书面文件和通知不得扣压，一方能够提供证据证明另一方拒绝签收或已送达的，应视为对方已签收并应承担相应责任。

2. 计价档案

（1）发承包双方以及工程造价咨询人对具有保存价值的各种载体的计价文件，均应收集齐全，整理立卷后归档。

（2）发承包双方和工程造价咨询人应建立完善的工程计价档案管理制度，并应符合国家和有关部门发布的档案管理相关规定。

（3）工程造价咨询人归档的计价文件，保存期不宜少于五年。

（4）归档的工程计价成果文件应包括纸质原件和电子文件，其他归档文件及依据可为纸质原件、复印件或电子文件。

（5）归档文件应经过分类整理，并应组成符合要求的案卷。

（6）归档可以分阶段进行，也可以在项目竣工结算完成后进行。

（7）向接受单位移交档案时，应编制移交清单，双方应签字、盖章后方可交接。

1.4 工程量清单计价表格

1.4.1 计价表格组成与填制说明

1. 工程计价文件封面

（1）招标工程量清单封面：封-1。

（2）招标控制价封面：封-2。

填制说明： 招标工程量清单封面、招标控制价封面应填写招标工程项目的具体名称，招标人应盖单位公章，如委托工程造价咨询人编制，还应由其加盖相同单位公章。

（3）投标总价封面：封-3。

填制说明： 投标总价封面应填写投标工程的具体名称，投标人应盖单位公章。

（4）竣工结算书封面：封-4。

填制说明： 竣工结算书封面应填写竣工工程的具体名称，发承包双方应盖其单位公章，如委托工程造价咨询人办理的，还应加盖其单位公章。

（5）工程造价鉴定意见书封面：封-5。

填制说明： 工程造价鉴定意见书封面应填写鉴定工程项目的具体名称，填写意见书文号，工程造价咨询人盖单位公章。

2. 工程计价文件扉页

（1）招标工程量清单扉页：扉-1。

填制说明：

1）招标人自行编制工程量清单时，由招标人单位注册的造价人员编制，招标人盖单位公章，法定代表人或其授权人签字或盖章。编制人是造价工程师的，由其签字盖执业专用章；编制人是造价员的，在编制人栏签字盖专用章，应由造价工程师复核，并在复核人栏签字盖执业专用章。

2）招标人委托工程造价咨询人编制工程量清单时，由工程造价咨询人单位注册的造价人员编制，工程造价咨询人盖单位资质专用章，法定代表人或其授权人签字或盖章。编制人是造价工程师的，由其签字盖执业专用章；编制人是造价员的，在编制人栏签字盖专用章，应由造价工程师复核，并在复核人栏签字盖执业专用章。

（2）招标控制价扉页：扉-2。

填制说明：

1）招标人自行编制招标控制价时，由招标人单位注册的造价人员编制，招标人盖单位公章，法定代表人或其授权人签字或盖章。编制人是造价工程师的，由其签字盖执业专用章；编制人是造价员的，由其在编制人栏签字盖专用章，应由造价工程师复核，并在复核人栏签字盖执业专用章。

2）招标人委托工程造价咨询人编制招标控制价时，由工程造价咨询人单位注册的造价人员编制，工程造价咨询人盖单位资质专用章，法定代表人或其授权人签字或盖章。编制人是造价工程师的，由其签字盖执业专用章；编制人是造价员的，在编制人栏签字盖专用章，应由造价工程师复核，并在复核人栏签字盖执业专用章。

（3）投标总价扉页：扉-3。

填制说明：投标人编制投标报价时，由投标人单位注册的造价人员编制，投标人盖单位公章，法定代表人或其授权人签字或盖章，编制的造价人员（造价工程师或造价员）签字盖执业专用章。

（4）竣工结算总价扉页：扉-4。

填制说明：

1）承包人自行编制竣工结算总价，由承包人单位注册的造价人员编制，承包人盖单位公章，法定代表人或其授权人签字或盖章，编制的造价人员（造价工程师或造价员）在编制人栏签字盖执业专用章。

发包人自行核对竣工结算时，由发包人单位注册的造价工程师核对，发包人盖单位公章，法定代表人或其授权人签字或盖章，造价工程师在核对人栏签字盖执业专用章。

2）发包人委托工程造价咨询人核对竣工结算时，由工程造价咨询人单位注册的造价工程师核对，发包人盖单位公章，法定代表人或其授权人签字或盖章；工程造价咨询人盖单位资质专用章，法定代表人或其授权人签字或盖章，造价工程师在核对人栏签字盖执业专用章。

除非出现发包人拒绝或不答复承包人竣工结算书的特殊情况，竣工结算办理完毕后，竣工结算总价封面发承包双方的签字、盖章应当齐全。

（5）工程造价鉴定意见书扉页：扉-5

填制说明： 工程造价咨询人应盖单位资质专用章，法定代表人或其授权人签字或盖章，造价工程师签字盖章执业专用章。

3. 工程计价总说明

总说明：表-01。

填制说明：

（1）工程量清单，总说明的内容应包括：

1）工程概况：如建设地址、建设规模、工程特征、交通状况、环保要求等。

2）工程发包、分包范围。

3）工程量清单编制依据：如采用的标准、施工图纸、标准图集等。

4）使用材料设备、施工的特殊要求等。

5）其他需要说明的问题。

（2）招标控制价，总说明的内容应包括：

1）采用的计价依据。

2）采用的施工组织设计。

3）采用的材料价格来源。

4）综合单价中风险因素、风险范围（幅度）。

5）其他。

（3）投标报价，总说明的内容应包括：

1）采用的计价依据。

2）采用的施工组织设计。

3）综合单价中风险因素、风险范围（幅度）。

4）措施项目的依据。

5）其他有关内容的说明等。

（4）竣工结算，总说明的内容应包括：

1）工程概况。

2）编制依据。

3）工程变更。

4）工程价款调整。

5）索赔。

6）其他等。

4. 工程计价汇总表

（1）建设项目招标控制价/投标报价汇总表：表-02。

（2）单项工程招标控制价/投标报价汇总表：表-03。

（3）单位工程招标控制价/投标报价汇总表：表-04。

填制说明：

1）招标控制价使用表-02、表-03、表-04。

由于编制招标控制价和投标控制价包含的内容相同，只是对价格的处理不同，因此，对招标控制价和投标报价汇总表的设计使用同一表格。实践中，招标控制价或投标报价可分别印制该表格。

2）投标报价使用表-02、表-03、表-04。

与招标控制价的表样一致，此处需要说明的是，投标报价汇总表与投标函中投标报价金额应当一致。就投标文件的各个组成部分而言，投标函是最重要的文件，其他组成部分都是投标函的支持性文件，投标函是必须经过投标人签字盖章，并且在开标会上必须当众宣读的文件。如果投标报价汇总表的投标总价与投标函填报的投标总价不一致，应当以投标函中填写的大写金额为准。实践中，对该原则一直缺少一个明确的依据，为了避免出现争议，可以在"投标人须知"中给予明确，用在招标文件中预先给予明示约定的方式来弥补法律法规依据的不足。

（4）建设项目竣工结算汇总表：表-05。

（5）单项工程竣工结算汇总表：表-06。

（6）单位工程竣工结算汇总表：表-07。

5. 分部分项工程和措施项目计价表

（1）分部分项工程和单价措施项目清单与计价表：表-08。

填制说明：

1）编制工程量清单时，"工程名称"栏应填写具体的工程称谓。"项目编码"栏应按相关工程国家计量规范项目编码栏内规定的 9 位数字另加 3 位顺序码填写。"项目名称"栏应按相关工程国家计量规范根据拟建工程实际确定填写。"项目描述"栏应按相关工程国家计量规范根据拟建工程实际予以描述。

2）编制招标控制价时，其项目编码、项目名称、项目特征、计量单位、工程量栏不变，对"综合单价"、"合价"以及"其中：暂估价"按相关规定填写。

3）编制投标报价时，招标人对表中的"项目编码"、"项目名称"、"项目特征"、"计量单位"、"工程量"均不应作改动。"综合单价"、"合价"自主决定填写，对其中的"暂估价"栏，投标人应将招标文件中提供了暂估材料单价的暂估价进入综合单价，并应计算出暂估单价的材料栏"综合单价"其中的"暂估价"。

4）编制竣工结算时，可取消"暂估价"。

（2）综合单价分析表：表-09。

填制说明：工程量清单综合单价分析表是评标委员会评审和判别综合单价组成以及其价格完整性、合理性的主要基础，对因工程变更、工程量偏差等原因调整综合单价也是必不可少的基础价格数据来源。采用经评审的最低投标价法评标时，该分析表的重要性更加突出。

综合单价分析表集中反映了构成每一个清单项目综合单价的各个价格要素的价格及主要的"工、料、机"消耗量。投标人在投标报价时，需要对每一个清单项目进行组价，为了使组价工作具有可追溯性（回复评标质疑时尤其需要），需要表明每一个数据的来源。该分析表实际上是投标人投标组价工作的一个阶段性成果文件，借助计算机辅助报价系统，可以由电脑自动生成，并不需要投标人付出太多额外劳动。

综合单价分析表一般随投标文件一同提交，作为已标价工程量清单的组成部分，以便中标后，作为合同文件的附属文件。投标人须知中需要就该分析表提交的方式作出规定，该规定需要考虑是否有必要对该分析表的合同地位给予定义。一般而言，该分析表所载明的价格数据对投标人是有约束力的，但是投标人能否以此作为投标报价中的错报和漏报等的依据而寻求招标人的补偿是实践中值得注意的问题。比较恰当的做法似乎应当是，通过评标过程中的清标、质疑、澄清、说明和补正机制，不但解决工程量清单综合单价的合理性问题，而且将合理化的综合单价反馈到综合单价分析表中，形成相互衔接、相互呼应的最终成果，在这种情况下，即便是将综合单价分析表定义为有合同约束力的文件，上述顾虑也就没有必要了。

编制综合单价分析表对辅助性材料不必细列，可归并到其他材料费中以金额表示。

（3）综合单价调整表：表-10。

填制说明：综合单价调整表用于由于各种合同约定调整因素出现时调整综合单价，此表实际上是一个汇总性质的表，各种调整依据应附表后，并且注意，项目编码、项目名称必须与已标价工程量清单保持一致，不得发生错漏，以免发生争议。

（4）总价措施项目清单与计价表：表-11。

填制说明：

1）编制工程量清单时，表中的项目可根据工程实际情况进行增减。

2）编制招标控制价时，计费基础、费率应按省级或行业建设主管部门的规定记取。

3）编制投标报价时，除"安全文明施工费"必须按《建设工程工程量清单计价规范》（GB 50500—2013）的强制性规定，按省级或行业建设主管部门的规定记取外，其他措施项目均可根据投标施工组织设计自主报价。

4）编制工程结算时，如省级或行业建设主管部门调整了安全文明施工费，应按调整后的标准计算此费用，其他总价措施项目经发承包双方协商进行了调整的，按调整后的标准计算。

G. 其他项目计价表

（1）其他项目清单与计价汇总表：表-12。

填制说明： 使用本表时，由于计价阶段的差异，应注意：

1）编制招标工程量清单时，应汇总"暂列金额"和"专业工程暂估价"，以提供给投标报价。

2）编制招标控制价时，应按有关计价规定估算"计日工"和"总承包服务费"。招标工程量清单中未列"暂列金额"的，应按有关规定编列。

3）编制投标报价时，应按招标工程量清单提供的"暂估金额"和"专业工程暂估价"填写金额，不得变动。"计日工"、"总承包服务费"自主确定报价。

4）编制或核对工程结算，"专业工程暂估价"按实际分包结算价填写，"计日工"、"总承包服务费"按双方认可的费用填写，如发生"索赔"或"现场签证"费用，按双方认可的金额计入该表。

（2）暂列金额明细表：表-12-1。

填制说明： 要求招标人能将暂列金额与拟用项目列出明细，但如确实不能详列也可只列暂定金额总额，投标人应将上述暂列金额计入投标总价中。

（3）材料（工程设备）暂估单价及调整表：表-12-2。

填制说明： 暂估价是在招标阶段预见肯定要发生，只是因为标准不明确或者需要由专业承包人完成，暂时无法确定材料、工程设备的具体价格而采用的一种临时性计价方式。暂估价的材料、工程设备数量应在表内填写，拟用项目应在本表备注栏给予补充说明。

要求招标人针对每一类暂估价给出相应的拟用项目，即按照材料、工程设备的名称分别给出，这样的材料、工程设备暂估价能够纳入到清单项目的综合单价中。

还有一种是给一个原则性的说明，原则性说明对招标人编制工程量清单而言比较简单，能降低招标人出错的概率。但是，对投标人而言，则很难准确把握招标人的意图和目的，很难保证投标报价的质量，轻则影响合同的可执行力，极端的情况下，可能导致招标失败，最终受损失的也包括招标人自己，因此，这种处理方式是不可取的方式。

一般而言，招标工程量清单中列明的材料、工程设备的暂估价仅指此类材料、工程设备本身运至施工现场内工地地面价，不包括这些材料、工程设备的安装以及安装所必需的辅助材料以及发生在现场内的验收、存储、保管、开箱、二次搬运、从存放地点运至安装地点以及其他任何必要的辅助工作（以下简称"暂估价项目的安装及辅助工作"）所发生的费用。暂估价项目的安装及辅助工作所发生的费用应该包括在投标报价中的相应清单项目的综合单价中并且固定包死。

（4）专业工程暂估价及结算价表：表-12-3。

填制说明： 专业工程暂估价应在表内填写工程名称、工程内容、暂估金额，投标人应将上述金额计入投标总价中。

专业工程暂估价项目及其表中列明的专业工程暂估价，是指分包人实施专业工程的含税金后的完整价（即包含了该专业工程中所有供应、安装、完工、调试、修复缺陷等全部工作），除了合同约定的发包人应承担的总包管理、协调、配合和服务责任所对应的总承包服务费用以外，承包人为履行其总包管理、配合、协调和服务等所需发生的费用应该包括在投标报价中。

（5）计日工表：表-12-4。

填制说明：

1）编制工程量清单时，"项目名称"、"计量单位"、"暂估数量"由招标人填写。

2）编制招标控制价时，人工、材料、机械台班单价由招标人按有关计价规定填写并计算合价。

3）编制投标报价时，人工、材料、机械台班单价由招标人自主确定，按已给暂估数量计算合价计入投标总价中。

4）结算时，实际数量按发承包双方确认的填写。

（6）总承包服务费计价表：表-12-5。

填制说明：

1）编制招标工程量清单时，招标人应将拟定进行专业发包的专业工程，自行采购的材料设备等决定清楚，填写项目名称、服务内容，以便投标人决定报价。

2）编制招标控制价时，招标人按有关计价规定计价。

3）编制投标报价时，由投标人根据工程量清单中的总承包服务内容，自主决定报价。

4）办理工程结算时，发承包双发应按承包人已标价工程量清单中的报价计算，发承包双发确定调整的，按调整后的金额计算。

（7）索赔与现场签证计价汇总表：表-12-6。

（8）费用索赔申请（核准）表：表-12-7。

填制说明： 本表将费用索赔申请与核准设置于一个表，非常直观。使用本表时，承包人代表应按合同条款的约定阐述原因，附上索赔证据、费用计算报发包人，经监理工程师复核（按照发包人的授权不论是监理工程师或发包人现场代表均可），经造价工程师（此处造价工程师可以是承包人现场管理人员，也可以是发包人委托的工程造价咨询企业的人员）复核具体费用，经发包人审核后生效，该表以在选择栏中"□"内作标识"√"表示。

（9）现场签证表：表-12-8。

填制说明：现场签证种类繁多，发承包双方在工程实施过程中来往信函就责任事件的证明均可称为现场签证，但并不是所有的签证均可马上算出价款，有的需要经过索赔程序，这时的签证仅是索赔的依据，有的签证可能根本不涉及价款。本表仅是针对现场签证需要价款结算支付的一种，其他内容的签证也可适用。考虑到招标时招标人对计日工项目的预估难免会有遗漏，造成实际施工发生后，无相应的计日工单价，现场签证只能包括单价一并处理，因此，在汇总时，有计日工单价的，可归并于计日工，如无计日工单价的，归并于现场签证，以示区别。当然，现场签证全部汇总于计日工也是一种可行的处理方式。

7. 规费、税金项目计价表

规费、税金项目计价表：表-13。

填制说明：在施工实践中，有的规费项目，如工程排污费，并非每个工程所在地都要征收，实践中可作为按实计算的费用处理。

8. 工程计量申请（核准）表

工程计量申请（核准）表：表-14。

填制说明：本表填写的"项目编码"、"项目名称"、"计量单位"应与已标价工程量清单表中的一致，承包人应在合同约定的计量周期结束时，将申报数量填写在申报数量栏，发包人核对后如与承包人不一致，填在核实数量栏，经发承包双发共同核对确认的计量填在确认数量栏。

9. 合同价款支付申请（核准）表

（1）预付款支付申请（核准）表：表-15。

（2）总价项目进度款支付分解表：表-16。

（3）进度款支付申请（核准）表：表-17。

（4）竣工结算款支付申请（核准）表：表-18。

（5）最终结清支付申请（核准）表：表-19。

10. 主要材料、工程设备一览表

（1）发包人提供材料和工程设备一览表：表-20。

（2）承包人提供主要材料和工程设备一览表（适用于造价信息差额调整法）：表-21。

（3）承包人提供主要材料和工程设备一览表（适用于价格指数差额调整法）：表-22。

工程量清单计价常用表格格式请参见附录A。

1.4.2 计价表格使用规定

（1）工程计价表宜采用统一格式。各省、自治区、直辖市建设行政主管部门和行业建设主管部门可根据本地区、本行业的实际情况，在《建设工程工程量清单计价规范》（GB 50500—2013）中附录B至附录L计价表格的基础上补充完善。

（2）工程计价表格的设置应满足工程计价的需要，方便使用。

（3）工程量清单编制使用表格包括：封-1、扉-1、表-01、表-08、表-11、表-12（不含表-12-6～表-12-8）、表-13、表-20、表-21或表-22。

（4）招标控制价、投标报价、竣工结算的编制使用表格：

1）招标控制价使用表格包括：封-2、扉-2、表-01、表-02、表-03、表-04、表-08、表-09、表-11、表-12（不含表-12-6～表-12-8）、表-13、表-20、表-21或表-22。

2）投标报价使用的表格包括：封-3、扉-3、表-01、表-02、表-03、表-04、表-08、表-09、表-11、表-12（不含表-12-6～表12-8）、表-13、表-16、招标文件提供的表-20、表-21或表-22。

3）竣工结算使用的表格包括：封-4、扉-4、表-01、表-05、表-06、表-07、表-08、表-09、表-10、表-11、表-12、表-13、表-14、表-15、表-16、表-17、表-18、表-19、表-20、表-21或表-22。

（5）工程造价鉴定使用表格包括：封-5、扉-5、表-01、表-05～表-20、表-21或表-22。

（6）投标人应按招标文件的要求，附工程量清单综合单价分析表。

1.5 《建设工程工程量清单计价规范》（GB 50500—2013）简介

为了更加广泛深入地推行工程量清单计价，规范建设工程发承包双方的计量、计价行为；为了与当前国家相关法律、法规和政策性的变化规定相适应，使其能够正确地贯彻执行；为了适应新技术、新工艺、新材料日益发展的需要，措施规范的内容不断更新完善；为了总结实践经验，进一步建立健全我国统一的建设工程计价、计量规范标准体系，住房和城乡建设部标准定额司组织相关单位对《建设工程工程量清单计价规范》（GB 50500—2008）（简称"08规范"）进行了修编，于2013年颁布实施了《建设工程工程量清单计价规范》（GB 50500—2013）（简称"13规范"）、《园林绿化工程工程量计算规范》（GB 50858—2013）等9本计量规范。

1.5.1 "13规范"修编原则

1. 计价规范

（1）依法原则

建设工程计价活动受《中华人民共和国合同法》（简称《合同法》）等多部法律、法规的管辖。因此，"13规范"与"08规范"一样，对规范条文做到依法设置。例如，有关招标控制价的设置，就遵循了《政府采购法》的相关规定，以有效地遏制哄抬标价的行为；有关招标控制价投诉的设置，就遵循了《中华人民共和国招标投标法》（以下称《招标投标法》）的相关规定，既维护了当事人的合法权益，又保证了招标活动的顺利进行；有关合理工期的设置，就遵循了《建设工程质量管理条例》的相关规定，以促使施工作业有序进行，确保工程质量和安全；有关工程结算的设置，就遵循了《合同法》以及相关司法解释的相关规定。

（2）权责对等原则

在建设工程施工活动中，不论发包人或承包人，有权利就必然有责任。"13规范"仍然坚持这一原则，杜绝只有权利没有责任的条款。如"08规范"关于工程量清单编制质量的责任由招标人承担的规定，就有效遏制了招标人以强势地位设置工程量偏差由投标人承担的做法。

（3）公平交易原则

建设工程计价从本质上讲，就是发包人与承包人之间的交易价格，在社会主义市场经济条件下应做到公平进行。"08 规范"关于计价风险合理分担的条文，及其在条文说明中对于计价风险的分类和风险幅度的指导意见，就得到了工程建设各方的认同，因此，"13 规范"将其正式条文化。

（4）可操作性原则

"13 规范"尽量避免条文点到就止，十分重视条文有无可操作性。例如招标控制价的投诉问题，"08 规范"仅规定可以投诉，但没有操作方面的规定，"13 规范"在总结黑龙江、山东、四川等地做法的基础上，对投诉时限、投诉内容、受理条件、复查结论等作了较为详细的规定。

（5）从约原则

建设工程计价活动是发承包双方在法律框架下签约、履约的活动。因此，遵从合同约定，履行合同义务是双方的应尽之责。"13 规范"在条文上坚持"按合同约定"的规定，但在合同约定不明或没有约定的情况下，发承包双方发生争议时不能协商一致，规范的规定就会在处理争议方面发挥积极作用。

2. 计量规范

（1）项目编码唯一性原则

"13 规范"虽然将"08 规范"附录独立，新修编为 9 个计量规范，但项目编码仍按"03 规范"、"08 规范"设置的方式保持不变。前两位定义为每本计量规范的代码，使每个项目清单的编码都是唯一的，没有重复。

（2）项目设置简明适用原则

"13 计量规范"在项目设置上以符合工程实际、满足计价需要为前提，力求增加新技术、新工艺、新材料的项目，删除技术规范已经淘汰的项目。

（3）项目特征满足组价原则

"13 计量规范"在项目特征上，对凡是体现项目自身价值的都作出规定，不以工作内容已有，而不在项目特征中作出要求。

1）对工程计价无实质影响的内容不作规定，如现浇混凝土梁底板标高等。

2）对应由投标人根据施工方案自行确定的不作规定，如预裂爆破的单孔深度及装药量等。

3）对应由投标人根据当地材料供应及构件配料决定的不作规定，如混凝土拌合料的石子种类及粒径、砂的种类等。

4）对应由施工措施解决并充分体现竞争要求的，注明了特征描述时不同的处理方式，如弃土运距等。

（4）计量单位方便计量原则

计量单位应以方便计量为前提，注意与现行工程定额的规定衔接。如有两个或两个以上计量单位均可满足某工程项目计量要求的，均予以标注，由招标人根据工程实际情况选用。

（5）工程量计算规则统一原则

"13 计量规范"不使用"估算"之类的词语；对使用两个或两个以上计量单位的，分别规定了不同计量单位的工程量计算规则；对易引起争议的，用文字说明，如钢筋的搭接如何计量等。

1.5.2 "13 规范"的特点

"13 规范"全面总结了"03 规范"实施 10 年来的经验，针对存在的问题，对"08 规范"进行全面修订，与之比较，具有如下特点：

1. 确立了工程计价标准体系的形成

"03 规范"发布以来，我国又相继发布了《建筑工程建筑面积计算规范》（GB/T 50353—2005）、《水利工程工程量清单计价规范》（GB 50501—2007）、《建设工程计价设备材料划分标准》（GB/T 50531—2009），此次修订，共发布 10 本工程计价、计量规范，特别是 9 个专业工程计量规范的出台，使整个工程计价标准体系明晰了，为下一步工程计价标准的制定打下了坚实的基础。

2. 扩大了计价计量规范的适用范围

"13 计价、计量规范"明确规定，"本规范适用于建设工程发承包及实施阶段的计价活动"，"13 计量规范"并规定"××工程计价，必须按本规范规定的工程量计算规则进行工程计量"。而非"08 规范"规定的"适用于工程量清单计价活动"。表明了不分何种计价方式，必须执行计价计量规范，对规范发承包双方计价行为有了统一的标准。

3. 深化了工程造价运行机制的改革

"13 规范"坚持了"政府宏观调控、企业自主报价、竞争形成价格、监管行之有效"的工程造价管理模式的改革方向。在条文设置上，使其工程计量规则标准化、工程计价行为规范化、工程造价形成市场化。

4. 强化了工程计价计量的强制性规定

"13 规范"在保留"08 规范"强制性条文的基础上，又在一些重要环节新增了部分强制性条文，在规范发承包双方计价行为方面得到了加强。

5. 注重了与施工合同的衔接

"13 规范"明确定义为适用于"工程施工发承包及实施阶段……"因此，在名词、术语、条文设置上尽可能与施工合同相衔接，既重视规范的指引和指导作用，又充分尊重发承包双方的意思自治，为造价管理与合同管理相统一搭建了平台。

6. 明确了工程计价风险分担的范围

"13 规范"在"08 规范"计价风险条文的基础上，根据现行法律法规的规定，进一步细化、细分了发承包阶段工程计价风险，并提出了风险的分类负担规定，为发承包双方共同应对计价风险提供了依据。

7. 完善了招标控制价制度

自"08 规范"总结了各地经验，统一了招标控制价称谓，在《中华人民共和国招标投标法实施条例》（以下简称《招标投标法实施条例》）中又以最高投标限价得到了肯定。"13 规范"从编制、复核、投诉与处理对招标控制价作了详细规定。

8. 规范了不同合同形式的计量与价款交付

"13 规范"针对单价合同、总价合同给出了明确定义，指明了其在计量和合同价款中的不同之处，提出了单价合同中的总价项目和总价合同的价款支付分解及支付的解决办法。

9. 统一了合同价款调整的分类内容

"13 规范"按照形成合同价款调整的因素，归纳为 5 类 14 个方面，并明确将索赔也纳入合同价款调整的内容，每一方面均有具体的条文规定，为规范合同价款调整提供了依据。

10. 确立了施工全过程计价控制与工程结算的原则

"13 规范"从合同约定到竣工结算的全过程均设置了可操作性的条文，体现了发承包双方应在施工全过程中管理工程造价，明确规定竣工结算应依据施工过程中的发承包双方确认的计量、计价资料办理的原则，为进一步规范竣工结算提供了依据。

11. 提供了合同价款争议解决的方法

"13 规范"将合同价款争议专列一章，根据现行法律规定立足于把争议解决在萌芽状态，为及时并有效解决施工过程中的合同价款争议，提出了不同的解决方法。

12. 增加了工程造价鉴定的专门规定

由于不同的利益诉求，一些施工合同纠纷采用仲裁、诉讼的方式解决，这时，工程造价鉴定意见就成了一些施工合同纠纷案件裁决或判决的主要依据。因此，工程造价鉴定除应按照工程计价规定外，还应符合仲裁或诉讼的相关法律规定，"13 规范"对此作了规定。

13. 细化了措施项目计价的规定

"13 规范"根据措施项目计价的特点，按照单价项目、总价项目分类列项，明确了措施项目的计价方式。

14. 增强了规范的操作性

"13 规范"尽量避免条文点到为止，增加了操作方面的规定。"13 计量规范"在项目划分上体现简明适用；项目特征既体现本项目的价值，又方便操作人员的描述；计量单位和计算规则，既方便了计量的选择，又考虑了与现行计价定额的衔接。

15. 保持了规范的先进性

此次修订增补了建筑市场新技术、新工艺、新材料的项目，删去了淘汰的项目。对土石分类重新进行了定义，实现了与现行国家标准的衔接。

2 园林工程造价

2.1 我国现行工程造价构成

我国现行工程造价的构成主要划分为设备及工具、器具购置费用、建筑安装工程费用、工程建设其他费用、预备费、建设期贷款利息、固定资产投资方向调节税等几项。具体构成内容如图2-1所示。

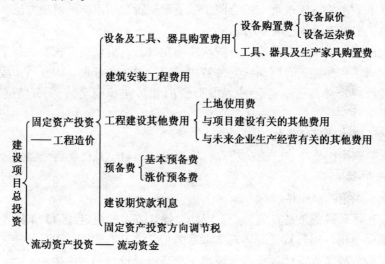

图2-1 建设项目总投资构成内容

2.2 园林工程造价构成与计算

2.2.1 设备及工具、器具购置费

1. 设备购置费

设备购置费是指达到固定资产标准，为建设工程项目购置或自制的各种国产或进口设备及工具、器具的费用。设备购置费是由设备原价和设备运杂费构成。

$$设备购置费 = 设备原价 + 设备运杂费 \tag{2-1}$$

上式中，设备原价指国产设备或进口设备的原价；设备运杂费指除设备原价之外的关于设备采购、运输、途中包装及仓库保管等方向支出费用的总和。

2. 工具、器具及生产家具购置费

工具、器具及生产家具购置费是指新建或扩建项目初步设计规定的，保证初期正常生

产必须购置的没有达到固定资产标准的设备、仪器、工卡模具、器具、生产家具和备品备件等的购置费用。一般以设备购置费为计算基数，按照部门或行业规定的工具、器具及生产家具费率计算。计算公式为：

$$工具、器具及生产家具购置费 = 设备购置费 × 定额费率 \qquad (2-2)$$

2.2.2 建筑安装工程费

1. 按费用构成要素划分建筑安装工程费用项目

建筑安装工程费按照费用构成要素划分：由人工费、材料（包含工程设备，下同）费、施工机具使用费、企业管理费、利润、规费和税金组成。其中人工费、材料费、施工机具使用费企业管理费和利润包含在分部分项工程费、措施项目费、其他项目费中，如图2-2所示。

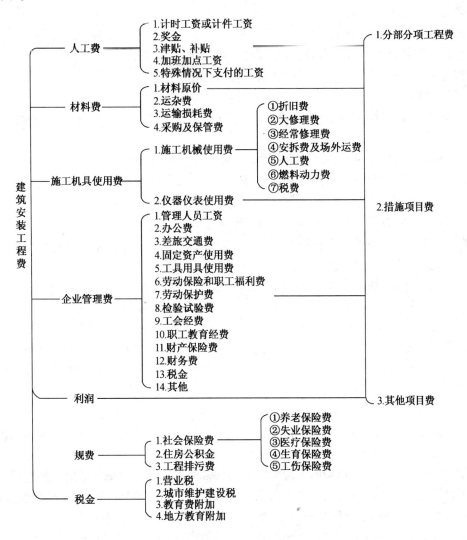

图2-2　建筑安装工程费用项目组成（按费用构成要素划分）

49

（1）人工费

人工费指按工资总额构成规定，支付给从事建筑安装工程施工的生产工人和附属生产单位工人的各项费用。内容包括：

1）计时工资或计件工资是指按计时工资标准和工作时间或对已做工作按计件单价支付给个人的劳动报酬。

2）奖金是指对超额劳动和增收节支支付给个人的劳动报酬。如节约奖、劳动竞赛奖等。

3）津贴补贴是指为了补偿职工特殊或额外的劳动消耗和因其他特殊原因支付给个人的津贴，以及为了保证职工工资水平不受物价影响支付给个人的物价补贴。如流动施工津贴、特殊地区施工津贴、高温（寒）作业临时津贴、高空津贴等。

4）加班加点工资是指按规定支付的在法定节假日工作的加班工资和在法定日工作时间外延时工作的加点工资。

5）特殊情况下支付的工资是指根据国家法律、法规和政策规定，因病、工伤、产假、计划生育假、婚丧假、事假、探亲假、定期休假、停工学习、执行国家或社会义务等原因按计时工资标准或计时工资标准的一定比例支付的工资。

（2）材料费

材料费指施工过程中耗费的原材料、辅助材料、构配件、零件、半成品或成品、工程设备的费用。内容包括：

1）材料原价是指材料、工程设备的出厂价格或商家供应价格。

2）运杂费是指材料、工程设备自来源地运至工地仓库或指定堆放地点所发生的全部费用。

3）运输损耗费是指材料在运输装卸过程中不可避免的损耗。

4）采购及保管费是指为组织采购、供应和保管材料、工程设备的过程中所需要的各项费用。包括采购费、仓储费、工地保管费、仓储损耗。

工程设备是指构成或计划构成永久工程一部分的机电设备、金属结构设备、仪器装置及其他类似的设备和装置。

（3）施工机具使用费

施工机具使用费指施工作业所发生的施工机械、仪器仪表使用费或其租赁费。

1）施工机械使用费以施工机械台班耗用量乘以施工机械台班单价表示，施工机械台班单价应由下列七项费用组成：

① 折旧费指施工机械在规定的使用年限内，陆续收回其原值的费用。

②大修理费指施工机械按规定的大修理间隔台班进行必要的大修理，以恢复其正常功能所需的费用。

③经常修理费指施工机械除大修理以外的各级保养和临时故障排除所需的费用。包括为保障机械正常运转所需替换设备与随机配备工具附具的摊销和维护费用，机械运转中日常保养所需润滑与擦拭的材料费用及机械停滞期间的维护和保养费用等。

④安拆费及场外运费安拆费指施工机械（大型机械除外）在现场进行安装与拆卸所需的人工、材料、机械和试运转费用以及机械辅助设施的折旧、搭设、拆除等费用；场外运费指施工机械整体或分体自停放地点运至施工现场或由一施工地点运至另一施工地点的

运输、装卸、辅助材料及架线等费用。

⑤人工费指机上司机（司炉）和其他操作人员的人工费。

⑥燃料动力费指施工机械在运转作业中所消耗的各种燃料及水、电等。

⑦税费指施工机械按照国家规定应缴纳的车船使用税、保险费及年检费等。

2）仪器仪表使用费是指工程施工所需使用的仪器仪表的摊销及维修费用。

（4）企业管理费

企业管理费指建筑安装企业组织施工生产和经营管理所需的费用。内容包括：

1）管理人员工资是指按规定支付给管理人员的计时工资、奖金、津贴补贴、加班加点工资及特殊情况下支付的工资等。

2）办公费是指企业管理办公用的文具、纸张、账表、印刷、邮电、书报、办公软件、现场监控、会议、水电、烧水和集体取暖降温（包括现场临时宿舍取暖降温）等费用。

3）差旅交通费是指职工因公出差、调动工作的差旅费、住勤补助费，市内交通费和误餐补助费，职工探亲路费，劳动力招募费，职工退休、退职一次性路费，工伤人员就医路费，工地转移费以及管理部门使用的交通工具的油料、燃料等费用。

4）固定资产使用费是指管理和试验部门及附属生产单位使用的属于固定资产的房屋、设备、仪器等的折旧、大修、维修或租赁费。

5）工具用具使用费是指企业施工生产和管理使用的不属于固定资产的工具、器具、家具、交通工具和检验、试验、测绘、消防用具等的购置、维修和摊销费。

6）劳动保险和职工福利费是指由企业支付的职工退职金、按规定支付给离休干部的经费，集体福利费、夏季防暑降温、冬季取暖补贴、上下班交通补贴等。

7）劳动保护费是企业按规定发放的劳动保护用品的支出。如工作服、手套、防暑降温饮料以及在有碍身体健康的环境中施工的保健费用等。

8）检验试验费是指施工企业按照有关标准规定，对建筑以及材料、构件和建筑安装物进行一般鉴定、检查所发生的费用，包括自设试验室进行试验所耗用的材料等费用。不包括新结构、新材料的试验费，对构件做破坏性试验及其他特殊要求检验试验的费用和建设单位委托检测机构进行检测的费用，对此类检测发生的费用，由建设单位在工程建设其他费用中列支。但对施工企业提供的具有合格证明的材料进行检测不合格的，该检测费用由施工企业支付。

9）工会经费是指企业按《工会法》规定的全部职工工资总额比例计提的工会经费。

10）职工教育经费是指按职工工资总额的规定比例计提，企业为职工进行专业技术和职业技能培训，专业技术人员继续教育、职工职业技能鉴定、职业资格认定以及根据需要对职工进行各类文化教育所发生的费用。

11）财产保险费是指施工管理用财产、车辆等的保险费用。

12）财务费：是指企业为施工生产筹集资金或提供预付款担保、履约担保、职工工资支付担保等所发生的各种费用。

13）税金是指企业按规定缴纳的房产税、车船使用税、土地使用税、印花税等。

14）其他包括技术转让费、技术开发费、投标费、业务招待费、绿化费、广告费、公证费、法律顾问费、审计费、咨询费、保险费等。

（5）利润

利润指施工企业完成所承包工程获得的盈利。

（6）规费

规费指按国家法律、法规规定，由省级政府和省级有关权力部门规定必须缴纳或计取的费用。其中包括：

1）社会保险费：

①养老保险费是指企业按照规定标准为职工缴纳的基本养老保险费。

②失业保险费是指企业按照规定标准为职工缴纳的失业保险费。

③医疗保险费是指企业按照规定标准为职工缴纳的基本医疗保险费。

④生育保险费是指企业按照规定标准为职工缴纳的生育保险费。

⑤工伤保险费是指企业按照规定标准为职工缴纳的工伤保险费。

2）住房公积金是指企业按规定标准为职工缴纳的住房公积金。

3）工程排污费是指按规定缴纳的施工现场工程排污费。

其他应列而未列入的规费，按实际发生计取。

（7）税金

税金指国家税法规定的应计入建筑安装工程造价内的营业税、城市维护建设税、教育费附加以及地方教育附加。

2. 按造价形式划分建筑安装工程费用项目

建筑安装工程费按照工程造价形成由分部分项工程费、措施项目费、其他项目费、规费、税金组成，分部分项工程费、措施项目费、其他项目费包含人工费、材料费、施工机具使用费、企业管理费和利润，如图2-3所示。

（1）分部分项工程费　分部分项工程费是指各专业工程的分部分项工程应予列支的各项费用。

1）专业工程是指按现行国家计量规范划分的房屋建筑与装饰工程、仿古建筑工程、通用安装工程、市政工程、园林绿化工程、矿山工程、构筑物工程、城市轨道交通工程、爆破工程等各类工程。

2）分部分项工程指按现行国家计量规范对各专业工程划分的项目。如市政工程划分的土石方工程、道路工程、桥涵工程、隧道工程、管网工程、水处理工程、生活垃圾处理工程、路灯工程、钢筋工程及拆除工程等。

各类专业工程的分部分项工程划分见现行国家或行业计量规范。

（2）措施项目费　措施项目费是指为完成建设工程施工，发生于该工程施工前和施工过程中的技术、生活、安全、环境保护等方面的费用，其内容主要包括：

1）安全文明施工费：

①环境保护费是指施工现场为达到环保部门要求所需要的各项费用。

②文明施工费是指施工现场文明施工所需要的各项费用。

③安全施工费是指施工现场安全施工所需要的各项费用。

④临时设施费是指施工企业为进行建设工程施工所必须搭设的生活和生产用的临时建筑物、构筑物和其他临时设施费用。其主要包括临时设施的搭设、维修、拆除、清理费或摊销费等。

2）夜间施工增加费。夜间施工增加费是指因夜间施工所发生的夜班补助费、夜间施工降效、夜间施工照明设备摊销及照明用电等费用。

3）二次搬运费。二次搬运费是指因施工场地条件限制而发生的材料、构配件、半成品等一次运输不能到达堆放地点，必须进行二次或多次搬运所发生的费用。

4）冬雨期施工增加费。冬雨期施工增加费是指在冬期或雨期施工需增加的临时设施、防滑、排除雨雪、人工及施工机械效率降低等费用。

5）已完工程及设备保护费。已完工程及设备保护费是指竣工验收前，对已完工程及设备采取的必要保护措施所发生的费用。

6）工程定位复测费。工程定位复测费是指工程施工过程中进行全部施工测量放线和复测工作的费用。

7）特殊地区施工增加费。特殊地区施工增加费是指工程在沙漠或其边缘地区、高海拔、高寒、原始森林等特殊地区施工增加的费用。

8）大型机械设备进出场及安拆费。大型机械设备进出场及安拆费是指机械整体或分体自停放场地运至施工现场或由一个施工地点运至另一个施工地点，所发生的机械进出场运输及转移费用及机械在施工现场进行安装、拆卸所需的人工费、材料费、机械费、试运转费和安装所需的辅助设施的费用。

9）脚手架工程费。脚手架工程费是指施工需要的各种脚手架搭、拆、运输费用以及脚手架购置费的摊销（或租赁）费用。

措施项目及其包含的内容详见各类专业工程的现行国家或行业计量规范。

（3）其他项目费

1）暂列金额是指建设单位在工程量清单中暂定并包括在工程合同价款中的一笔款项。用于施工合同签订时尚未确定或者不可预见的所需材料、工程设备、服务的采购，施工中可能发生的工程变更、合同约定调整因素出现时的工程价款调整以及发生的索赔、现场签证确认等的费用。

2）计日工是指在施工过程中，施工企业完成建设单位提出的施工图纸以外的零星项目或工作所需的费用。

3）总承包服务费是指总承包人为配合、协调建设单位进行的专业工程发包，对建设单位自行采购的材料、工程设备等进行保管以及施工现场管理、竣工资料汇总整理等服务所需的费用。

（4）规费

规费定义同第1条中（6）。

（5）税金

税金定义同第1条中（7）。

3. 建筑安装工程费用参考计算方法

（1）各费用构成要素参考计算方法

1）人工费：

$$人工费 = \sum（工日消耗量 \times 日工资单价） \tag{2-3}$$

$$日工资单价 = \frac{生产工人平均月工资（计时计件）+ 平均月（奖金 + 津贴补贴 + 特殊情况下支付的工资）}{年平均每月法定工作日}$$

$$\tag{2-4}$$

注：公式（2-3）主要适用于施工企业投标报价时自主确定人工费，也是工程造价管理机构编制计价定额确定定额人工单价或发布人工成本信息的参考依据。

$$人工费 = \sum（工程工日消耗量 \times 日工资单价） \tag{2-5}$$

日工资单价是指施工企业平均技术熟练程度的生产工人在每工作日（国家法定工作时间内）按规定从事施工作业应得的日工资总额。

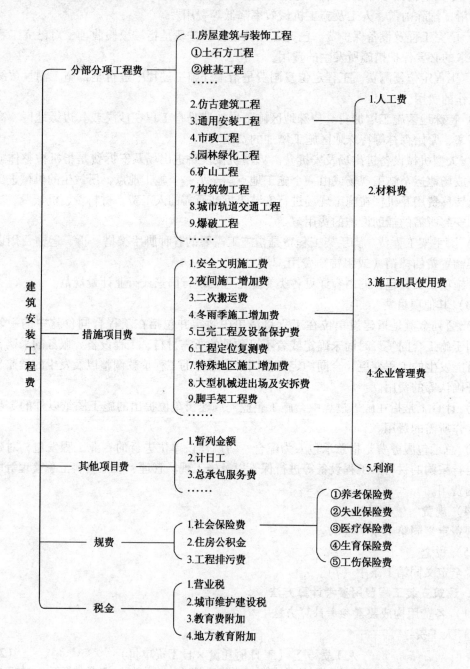

图 2-3　建筑安装工程费用项目组成（按造价形式划分）

54

工程造价管理机构确定日工资单价应通过市场调查、根据工程项目的技术要求，参考实物工程量人工单价综合分析确定，最低日工资单价不得低于工程所在地人力资源和社会保障部门所发布的最低工资标准的：普工1.3倍、一般技工2倍、高级技工3倍。

工程计价定额不可只列一个综合工日单价，应根据工程项目技术要求和工种差别适当划分多种日人工单价，确保各分部工程人工费的合理构成。

注：公式（2-5）适用于工程造价管理机构编制计价定额时确定定额人工费，是施工企业投标报价的参考依据。

2）材料费：

①材料费：

$$材料费 = \sum（材料消耗量 \times 材料单价） \tag{2-6}$$

$$材料单价 = \{（材料原价 + 运杂费）\times [1 + 运输损耗率（\%）]\}$$
$$\times [1 + 采购保管费率（\%）] \tag{2-7}$$

②工程设备费：

$$工程设备费 = \sum（工程设备量 \times 工程设备单价） \tag{2-8}$$

$$工程设备单价 = （设备原价 + 运杂费）\times [1 + 采购保管费率（\%）] \tag{2-9}$$

3）施工机具使用费：

①施工机械使用费：

$$施工机械使用费 = \sum（施工机械台班消耗量 \times 机械台班单价） \tag{2-10}$$

$$机械台班单价 = 台班折旧费 + 台班大修费 + 台班经常修理费 + 台班安拆费$$
$$及场外运费 + 台班人工费 + 台班燃料动力费 + 台班车船税费 \tag{2-11}$$

注：工程造价管理机构在确定计价定额中的施工机械使用费时，应根据《建筑施工机械台班费用计算规则》结合市场调查编制施工机械台班单价。施工企业可以参考工程造价管理机构发布的台班单价，自主确定施工机械使用费的报价，如租赁施工机械，公式为：施工机械使用费 = $\sum$（施工机械台班消耗量 $\times$ 机械台班租赁单价）

②仪器仪表使用费：

$$仪器仪表使用费 = 工程使用的仪器仪表摊销费 + 维修费 \tag{2-12}$$

4）企业管理费费率：

①以分部分项工程费为计算基础：

$$企业管理费费率（\%） = \frac{生产工人年平均管理费}{年有效施工天数 \times 人工单价}$$
$$\times 人工费占分部分项目工程费比例（\%） \tag{2-13}$$

②以人工费和机械费合计为计算基础：

$$企业管理费费率（\%） =$$
$$\frac{生产工人年平均管理费}{年有效施工天数 \times （人工单价 + 每一工日机械使用费）} \times 100\% \tag{2-14}$$

③以人工费为计算基础：

$$企业管理费费率（\%） = \frac{生产工人年平均管理费}{年有效施工天数 \times 人工单价} \times 100\% \tag{2-15}$$

注：上述公式适用于施工企业投标报价时自主确定管理费，是工程造价管理机构编制计价定额确定

企业管理费的参考依据。

工程造价管理机构在确定计价定额中企业管理费时，应以定额人工费或（定额人工费＋定额机械费）作为计算基数，其费率根据历年工程造价积累的资料，辅以调查数据确定，列入分部分项工程和措施项目中。

5）利润：

①施工企业根据企业自身需求并结合建筑市场实际自主确定，列入报价中。

②工程造价管理机构在确定计价定额中利润时，应以定额人工费或（定额人工费＋定额机械费）作为计算基数，其费率根据历年工程造价积累的资料，并结合建筑市场实际确定，以单位（单项）工程测算，利润在税前建筑安装工程费的比重可按不低于5%且不高于7%的费率计算。利润应列入分部分项工程和措施项目中。

6）规费：

①社会保险费和住房公积金：社会保险费和住房公积金应以定额人工费为计算基础，根据工程所在地省、自治区、直辖市或行业建设主管部门规定费率计算。

$$社会保险费和住房公积金 = \sum(工程定额人工费 \times 社会保险费和住房公积金费率)$$
$$(2-16)$$

式中：社会保险费和住房公积金费率可以每万元发承包价的生产工人人工费和管理人员工资含量与工程所在地规定的缴纳标准综合分析取定。

②工程排污费：工程排污费等其他应列而未列入的规费应按工程所在地环境保护等部门规定的标准缴纳，按实计取列入。

7）税金。税金计算公式：

$$税金 = 税前造价 \times 综合税率（\%）\qquad(2-17)$$

综合税率：

①纳税地点在市区的企业：

$$综合税率（\%） = \frac{1}{1 - 3\% - (3\% \times 7\%) - (3\% \times 3\%) - (3\% \times 2\%)} - 1 \qquad(2-18)$$

②纳税地点在县城、镇的企业：

$$综合税率（\%） = \frac{1}{1 - 3\% - (3\% \times 5\%) - (3\% \times 3\%) - (3\% \times 2\%)} - 1 \qquad(2-19)$$

③纳税地点不在市区、县城、镇的企业：

$$综合税率（\%） = \frac{1}{1 - 3\% - (3\% \times 1\%) - (3\% \times 3\%) - (3\% \times 2\%)} - 1 \qquad(2-20)$$

④实行营业税改增值税的，按纳税地点现行税率计算。

（2）建筑安装工程计价

1）分部分项工程费：

$$分部分项工程费 = \sum(分部分项工程量 \times 综合单价)\qquad(2-21)$$

式中：综合单价包括人工费、材料费、施工机具使用费、企业管理费和利润以及一定范围的风险费用（下同）。

2）措施项目费：

①国家计量规范规定应予计量的措施项目，其计算公式为：

$$措施项目费 = \sum(措施项目工程量 \times 综合单价) \tag{2-22}$$

②国家计量规范规定不宜计量的措施项目计算方法如下：

a. 安全文明施工费：

$$安全文明施工费 = 计算基数 \times 安全文明施工费费率(\%) \tag{2-23}$$

计算基数应为定额基价（定额分部分项工程费＋定额中可以计量的措施项目费）、定额人工费或（定额人工费＋定额机械费），其费率由工程造价管理机构根据各专业工程的特点综合确定。

b. 夜间施工增加费：

$$夜间施工增加费 = 计算基数 \times 夜间施工增加费费率(\%) \tag{2-24}$$

c. 二次搬运费：

$$二次搬运费 = 计算基数 \times 二次搬运费费率(\%) \tag{2-25}$$

d. 冬雨期施工增加费：

$$冬雨期施工增加费 = 计算基数 \times 冬雨期施工增加费费率(\%) \tag{2-26}$$

e. 已完工程及设备保护费：

$$已完工程及设备保护费 = 计算基数 \times 已完工程及设备保护费费率(\%) \tag{2-27}$$

上述 b～e 项措施项目的计费基数应为定额人工费或（定额人工费＋定额机械费），其费率由工程造价管理机构根据各专业工程特点和调查资料综合分析后确定。

3）其他项目费：

①暂列金额由建设单位根据工程特点，按有关计价规定估算，施工过程中由建设单位掌握使用、扣除合同价款调整后如有余额，归建设单位。

②计日工由建设单位和施工企业按施工过程中的签证计价。

③总承包服务费由建设单位在招标控制价中根据总包服务范围和有关计价规定编制，施工企业投标时自主报价，施工过程中按签约合同价执行。

4）规费和税金。建设单位和施工企业均应按照省、自治区、直辖市或行业建设主管部门发布标准计算规费和税金，不得作为竞争性费用。

5）相关问题的说明：

①各专业工程计价定额的编制及其计价程序，均按上述计算方法实施。

②各专业工程计价定额的使用周期原则上为 5 年。

③工程造价管理机构在定额使用周期内，应及时发布人工、材料、机械台班价格信息，实行工程造价动态管理，如遇国家法律、法规、规章或相关政策变化以及建筑市场物价波动较大时，应适时调整定额人工费、定额机械费以及定额基价或规费费率，使建筑安装工程费能反映建筑市场实际。

④建设单位在编制招标控制价时，应按照各专业工程的计量规范和计价定额以及工程造价信息编制。

⑤施工企业在使用计价定额时除不可竞争费用外，其余仅作参考，由施工企业投标时自主报价。

4. 建筑安装工程计价程序

建设单位工程招标控制价计价程序见表 2-1。

工程名称： 标段：

序号	内 容	计 算 方 法	金额（元）
1	分部分项工程费	按计价规定计算	
1.1			
1.2			
1.3			
1.4			
1.5			
2	措施项目费	按计价规定计算	
2.1	其中：安全文明施工费	按规定标准计算	
3	其他项目费		
3.1	其中：暂列金额	按计价规定估算	
3.2	其中：专业工程暂估价	按计价规定估算	
3.3	其中：计日工	按计价规定估算	
3.4	其中：总承包服务费	按计价规定估算	
4	规费	按规定标准计算	
5	税金（扣除不列入计税范围的工程设备金额）	（1+2+3+4）×规定税率	
招标控制价合计 = 1 + 2 + 3 + 4 + 5			

施工企业工程投标报价计价程序见表 2-2。

工程名称： 标段：

序号	内 容	计 算 方 法	金额（元）
1	分部分项工程费	自主报价	
1.1			
1.2			
1.3			
1.4			
1.5			

序号	内　容	计　算　方　法	金额（元）
2	措施项目费	自主报价	
2.1	其中：安全文明施工费	按规定标准计算	
3	其他项目费		
3.1	其中：暂列金额	按招标文件提供金额计列	
3.2	其中：专业工程暂估价	按招标文件提供金额计列	
3.3	其中：计日工	自主报价	
3.4	其中：总承包服务费	自主报价	
4	规费	按规定标准计算	
5	税金（扣除不列入计税范围的工程设备金额）	（1＋2＋3＋4）×规定税率	
投标报价合计＝1＋2＋3＋4＋5			

竟工结算计价程序见表2-3。

竟工结算计价程序　　　　　　　　表2-3

工程名称：　　　　　　　　　　标段：

序号	内　容	计　算　方　法	金额（元）
1	分部分项工程费	按合约约定计算	
1.1			
1.2			
1.3			
1.4			
1.5			
2	措施项目费	按合约约定计算	
2.1	其中：安全文明施工费	按规定标准计算	
3	其他项目费		
3.1	其中：专业工程暂估价	按合约约定计算	
3.2	其中：计日工	按计日工签证计算	
3.3	其中：总承包服务费	按合约约定计算	
3.4	索赔与现场签证	按发承包双方确认数额计算	

序号	内　容	计 算 方 法	金额（元）
4	规费	按规定标准计算	
5	税金（扣除不列入计税范围的工程设备金额）	（1＋2＋3＋4）×规定税率	
投标报价合计＝1＋2＋3＋4＋5			

2.2.3　工程建设其他费用

工程建设其他费用是指从工程筹建到工程竣工验收交付使用止的整个建设期间，除建筑安装工程费用和设备、工器具购置费以外的，为保证工程建设顺利完成和交付使用后能够正常发挥效用而发生的一些费用。

工程建设其他费用，按其内容大体可分为三类：第一类为土地使用费，由于工程项目固定于一定地点与地面相连接，必须占用一定量的土地，也就必然要发生为获得建设用地而支付的费用；第二类是与项目建设有关的费用；第三类是与未来企业生产和经营活动有关的费用。

1. 土地使用费

任何一个建设项目都固定于一定地点与地面相连接，必须占用一定量的土地，必然就要发生为获得建设用地而支付的费用，这就是土地使用费。土地使用费是指通过划拨方式取得土地使用权而支付的土地征用及迁移补偿费，或者通过土地使用权出让方式取得土地使用权而支付的土地使用权出让金。

（1）土地征用及迁移补偿费

土地征用及迁移补偿费是指建设项目通过划拨方式取得无限期的土地使用权，依照《中华人民共和国土地管理法》等规定所支付的费用。其总和一般不得超过被征土地年产值的 20 倍，土地年产值则按该地被征用前 3 年的平均产量和国家规定的价格计算。其内容包括：土地补偿费；青苗补偿费和被征用土地上的房屋、水井、树木等附着物补偿费；安置补助费；缴纳的耕地占用税或城镇土地使用税、土地登记费及征地管理费等；征地动迁费；水利水电工程水库淹没处理补偿费。

（2）取得国有土地使用费

取得国有土地使用费包括土地使用权出让金、城市建设配套费、拆迁补偿与临时安置补助费等。

2. 与项目建设有关的其他费用

根据项目的不同，与项目建设有关的其他费用的构成也不尽相同，一般包括以下各项。在进行工程估算及概算中可根据实际情况进行计算。内容包括：建设单位管理费；勘察设计费；研究试验费；建设单位临时设施费；工程监理费；工程保险费；引进技术和进口设备其他费用；工程承包费。

3. 与未来企业生产经营有关的其他费用

（1）联合试运转费

联合试运转费。联合试运转是指新建企业或改扩建企业在工程竣工验收前，按照设计的生产工艺流程和质量标准对整个企业进行联合试运转所发生的费用支出与联合试运转期间的收入部分的差额部分。联合试运转费用一般根据不同性质的项目按需进行试运转的工艺设备购置费的百分比计算。

（2）生产准备费

生产准备费是指新建企业或新增生产能力的企业，为保证竣工交付使用进行必要的生产准备所发生的费用。

（3）办公和生活家具购置费

办公和生活家具购置费是指为保证新建、改建、扩建项目初期正常生产、使用和管理所必须购置的办公和生活家具、用具的费用。

2.2.4 预备费、建设期贷款利息

1. 预备费

按我国现行规定，预备费包括基本预备费和涨价预备费。

（1）基本预备费

基本预备费是指在初步设计及概算内难以预料的工程费用。基本预备费是按设备及工具、器具购置费，建筑安装工程费用和工程建设其他费用三者之和为计取基础，乘以基本预备费率进行计算。

$$基本预备费 = （设备及工具、器具购置费 + 建筑安装工程费用$$
$$+ 工程建设其他费用）\times 基本预备费率 \tag{2-28}$$

基本预备费率的取值应执行国家及部门的有关规定。

（2）涨价预备费

涨价预备费是指建设项目在建设期间内由于价格等变化引起工程造价变化的预留费用。费用内容包括人工、设备、材料、施工机械的价差费；建筑安装工程费及工程建设其他费用调整；利率、汇率调整等增加的费用。

涨价预备的测算方法，一般根据国家规定的投资综合价格指数，按估算年份价格水平的投资额为基数，采用复利方法计算，计算公式为：

$$PF = \sum_{t=1}^{n} I_t \left[(1 + f)^t - 1 \right] \tag{2-29}$$

式中 PF——涨价预备费；

n——建设期年份数；

I_t——建设期中第 t 年的投资计划额，包括设备及工具、器具购置费、建筑安装工程费、工程建设其他费用及基本预备费；

f——年均投资价格上涨率。

2. 建设期贷款利息

为了筹措建设项目资金所发生的各项费用，包括工程建设期间投资贷款利息、企业债券发行费、国外借款手续费和承诺费、汇兑净损失及调整外汇手续费、金融机构手续费以及为筹措建设资金发生的其他财务费用等，统称财务费。其中最主要的是在工程项目建设期投资贷款而产生的利息。

建设期投资贷款利息是指建设项目使用银行或其他金融机构的贷款，在建设期应归还的借款的利息，可按下式计算：

$$q_j = \left(P_{j-1} + \frac{1}{2} A_j \right) \cdot i \qquad (2\text{-}30)$$

式中　q_j——建设期第 j 年应计利息；

　　P_{j-1}——建设期第 $(j-1)$ 年末贷款累计金额与利息累计金额之和；

　　A_j——建设期第 j 年贷款金额；

　　i——年利率。

2.2.5 固定资产投资方向调节税

为了贯彻国家产业政策，控制投资规模，引导投资方向，调整投资结构，加强重点建设，促进国民经济稳定发展，国家将根据国民经济的运行趋势和全社会固定资产投资状况，对进行固定资产投资的单位和个人开征或暂缓征收固定资产投资方的调节税（该税征收对象不含中外合资经营企业、中外合作经营企业和外资企业）。

投资方向调节税根据国家产业政策和项目经济规模实行差别税率，各固定资产投资项目按其单位工程分别确定适用的税率。计税依据为固定资产投资项目实际完成的投资额，其中更新改造项目为建筑工程实际完成的投资额。投资方向调节税按固定资产投资项目的单位工程年度计划投资额预缴。年度终了后，按年度实际投资结算，多退少补。项目竣工后按全部实际投资进行清算，多退少补。

2.2.6 铺底流动资金

流动资金是指生产经营性项目投产后，为进行正常生产运营，用于购买原材料、燃料，支付工资及其他经营费用等所需的周转资金。流动资金估算一般是参照现有同类企业的状况采用分项详细估算法，个别情况或者小型项目可采用扩大指标法。

1. 分项详细估算法

对计算流动资金需要掌握的流动资产和流动负债这两类因素应分别进行估算。在可行性研究中，为简化计算，仅对存货、现金、应收账款这三项流动资产和应付账款这项流动负债进行估算。

2. 扩大指标估算法

（1）按建设投资的一定比例估算，例如国外化工企业的流动资金，一般是按建设投资的 15% ~ 20% 计算。

（2）按经营成本的一定比例估算。

（3）按年销售收入的一定比例估算。

（4）按单位产量占用流动资金的比例估算。

流动资金一般在投产前开始筹措。在投产第一年开始按生产负荷进行安排，其借款部分按全年计算利息。流动资金利息应计入财务费用。项目计算期末回收全部流动资金。

2.3 园林工程造价计算实例

【例 2-1】某建设期为 3 年的园林工程，各年投资计划额如下：第一年贷款 8500 万元，第二年12000万元，第三年4500万元，年均投资价格上涨率为6%，求园林工程项目建设期间涨价预备费。

【解】

第一年涨价预备费为：

$$PF_1 = I_1\big[(1+f)-1\big] = 8000 \times 0.06 = 480 \text{万元}$$

第二年涨价预备费为：

$$PF_2 = I_2\big[(1+f)^2-1\big] = 12000 \times (1.06^2-1) = 1483.2 \text{万元}$$

第三年涨价预备费为：

$$PF_3 = I_3\big[(1+f)^3-1\big] = 4500 \times (1.06^3-1) = 859.57 \text{万元}$$

所以，建设期的涨价预备费为：

$$PF = 8000 \times 0.06 + 12000 \times (1.06^2-1) + 4500 \times (1.06^3-1) = 2822.77 \text{万元}$$

【例2-2】 某新建园林工程，建设期为3年，共向银行贷款1750万元，贷款时间为：第一年620万元，第二年330万元，第三年800万元。年利率为7%，计算建设期利息。

【解】

在建设期，各年利息计算如下：

第一年应计利息 $= \dfrac{1}{2} \times 620 \times 7\% = 21.7$ 万元

第二年应计利息 $= \left(620 + 21.7 + \dfrac{1}{2} \times 330\right) \times 7\% = 56.47$ 万元

第三年应计利息 $= \left(620 + 21.7 + 330 + 56.47 + \dfrac{1}{2} \times 800\right) \times 7\% = 97.87$ 万元

建设期利息总和为176.04万元。

【例2-3】 某园林工程在建设期初的建安工程费和设备工器具购置费为68000万元。按本项目实施进度计划，项目建设期为3年，投资分年使用比例为：第一年25%，第二年56%，第三年19%，建设期内预计年平均价格总水平上涨率为6%。建设期贷款利息为2390万元，建设工程其他费用为6950万元，基本预备费率为11%。试估算该园林工程的建设投资。

【解】

（1）计算项目的涨价预备费：

第一年末的涨价预备费 $= 68000 \times 25\% \times \big[(1+0.06)-1\big] = 1020$ 万元

第二年末的涨价预备费 $= 68000 \times 56\% \times \big[(1+0.06)^2-1\big] = 4706.69$ 万元

第三年末的涨价预备费 $= 68000 \times 19\% \times \big[(1+0.06)^3-1\big] = 2467.93$ 万元

该项目建设期的涨价预备费 $= 1020 + 4706.69 + 2467.93 = 8194.62$ 万元

（2）计算项目的建设投资：

建设投资 = 静态投资 + 建设期贷款利息 + 涨价预备费

$= (68000 + 6950) \times (1 + 11\%) + 2390 + 8194.62 = 93779.12$ 万元

3 园林工程工程量计算

3.1 绿化工程清单计价工程量计算

3.1.1 绿化工程施工图表现技法

1. 绿化工程常用识图图例

（1）园林绿地规划设计图例

园林绿地规划设计图例见表3-1。

园林绿地规划设计图例 表3-1

序号	名 称	图 例	说 明
建 筑			
1	规划的建筑物	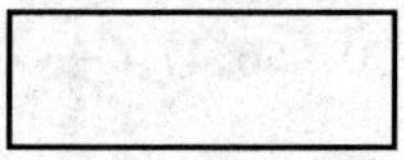	用粗实线表示
2	原有的建筑物	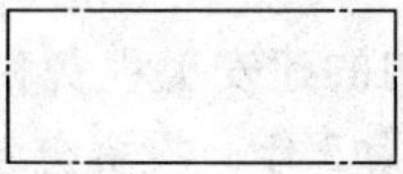	用细实线表示
3	规划扩建的预留地或建筑物	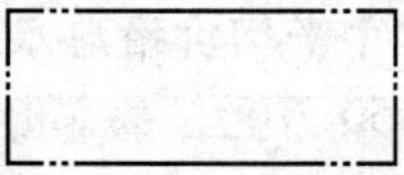	用中虚线表示
4	拆除的建筑物	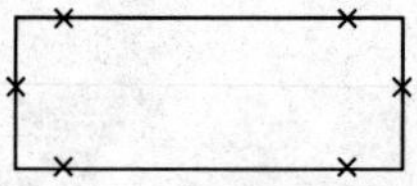	用细实线表示
5	地下建筑物		用粗虚线表示
6	坡屋顶建筑	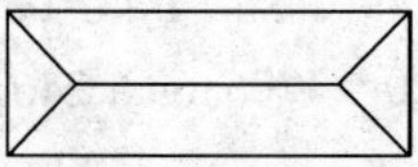	包括瓦顶、石片顶、饰面砖顶等
7	草顶建筑或简易建筑	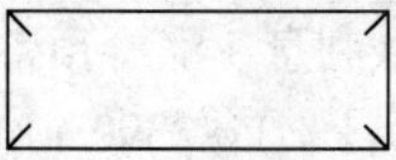	—
8	温室建筑	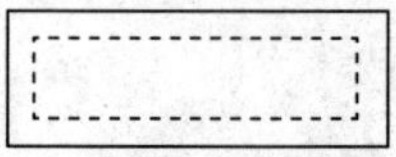	—

64

序号	名　称	图　例	说　明
水　体			
9	自然形水体	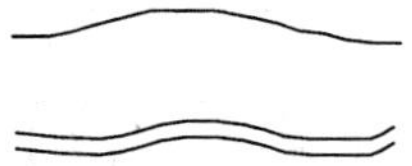	—
10	规则形水体	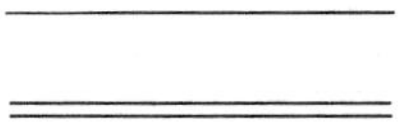	—
11	跌水、瀑布	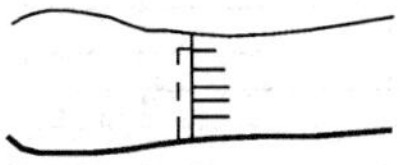	—
12	旱涧	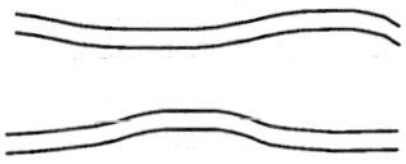	—
13	溪涧		—
工程设施			
14	护坡	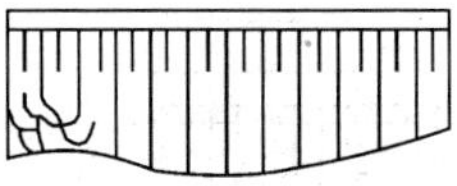	—
15	挡土墙	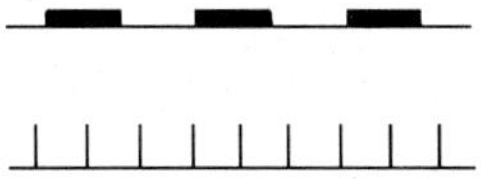	突出的一侧表示被挡土的一方
16	排水明沟	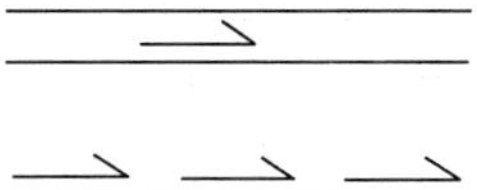	上图用于比例较大的图面 下图用于比例较小的图面
17	有盖的排水沟	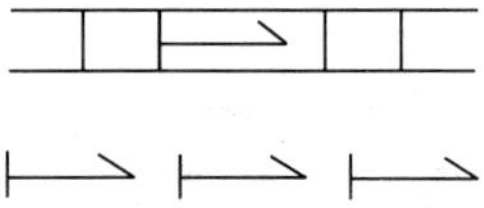	上图用于比例较大的图面 下图用于比例较小的图面
18	雨水井		—
19	消火栓井		—
20	喷灌点	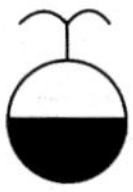	—
21	道路	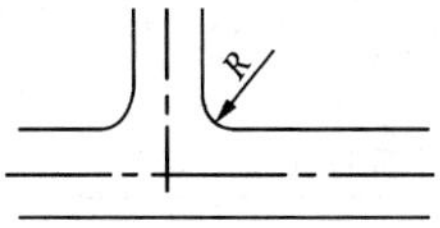	—

序号	名　称	图　例	说　明
22	铺装路面		—
23	台阶		箭头指向表示向上
24	铺砌场地	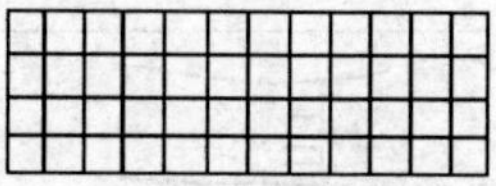	也可依据设计形态表示
25	车行桥	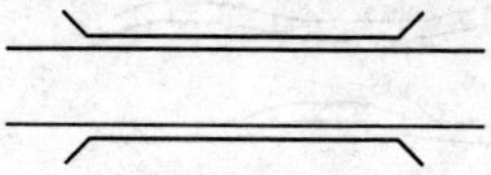	也可依据设计形态表示
26	人行桥	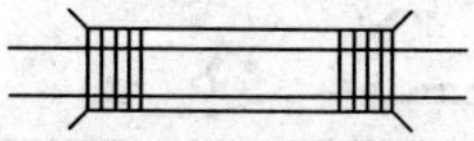	—
27	亭桥	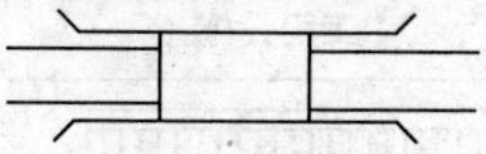	—
28	铁索桥	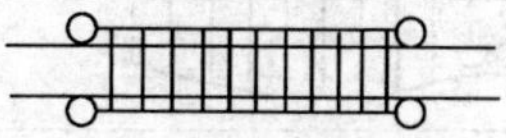	—
29	汀步	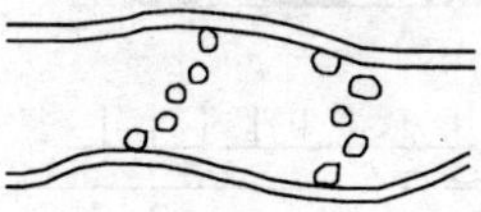	—
30	涵洞	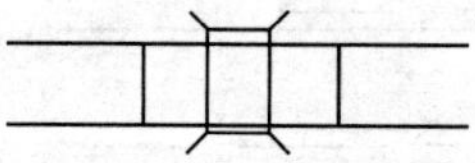	—
31	水闸		—
32	码头	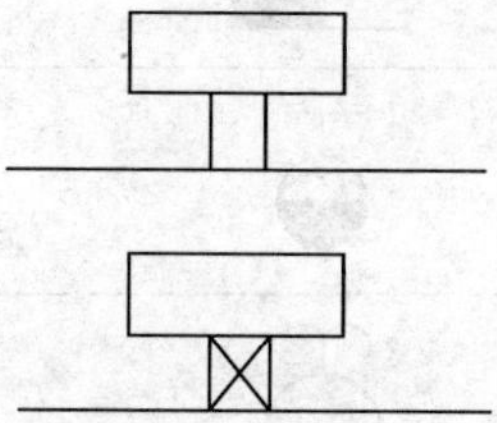	上图为固定码头 下图为浮动码头
33	驳岸	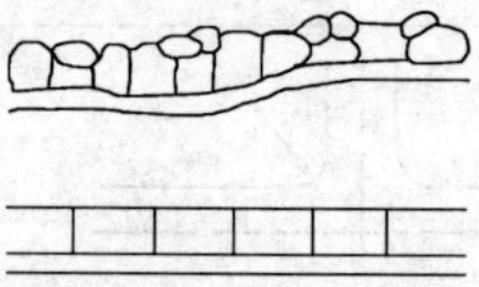	上图为假山石自然式驳岸 下图为整形砌筑规则式驳岸

（2）城市绿地系统规划图例

城市绿地系统规划图例见表3-2。

城市绿地系统规划图例 表3-2

序号	名　称	图　例	说　明
工程设施			
1	电视差转台	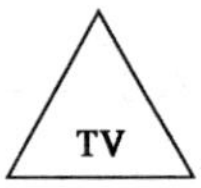	—
2	发电站		—
3	变电所		—
4	给水厂		—
5	污水处理厂		—
6	垃圾处理站		—
7	公路、汽车游览路	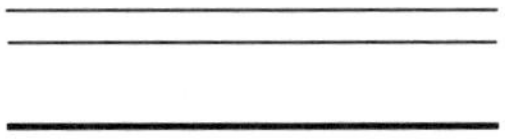	上图以双线表示，用中实线； 下图以单线表示，用粗实线
8	小路、步行游览路	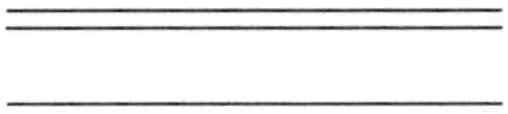	上图以双线表示，用细实线； 下图以单线表示，用中实线
9	山地步游小路	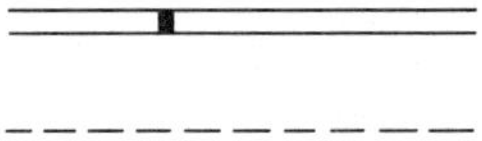	上图以双线加台阶表示，用细实线； 下图以单线表示，用虚线
10	隧道	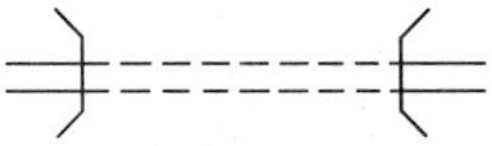	—
11	架空索道线		—
12	斜坡缆车线		—

序 号	名　称	图　例	说　明
13	高架轻轨线	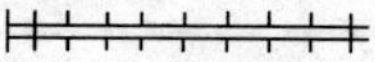 ├┼┼┼┼┼┼┼┤	—
14	水上游览线	‑ ‑ ‑ ‑ ‑ ‑ ‑ ‑	细虚线
15	架空电力电讯线	—○— 代号 —○—	粗实线中插入管线代号，管线代号按现行国家有关标准的规定标注
16	管线	—— 代号 ——	—
用地类型			
17	村镇建设地	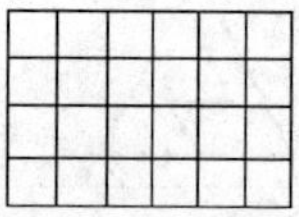	—
18	风景游览地	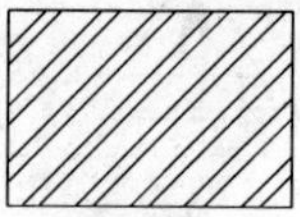	图中斜线与水平线成45°角
19	旅游度假地		—
20	服务设施地	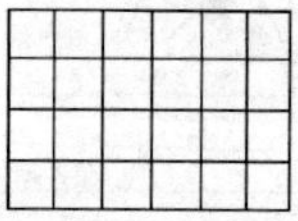	—
21	市政设施地	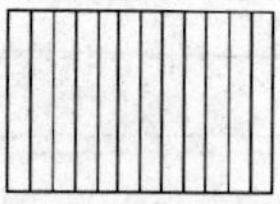	—
22	农业用地		—
23	游憩、观赏绿地	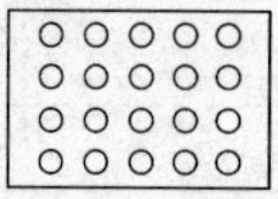	—
24	防护绿地		—

序号	名　　称	图　　例	说　　明
25	文物保护地	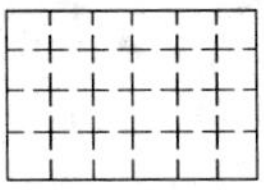	包括地面和地下两大类，地下文物保护地外框用粗虚线表示
26	苗圃、花圃用地	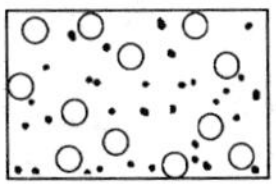	—
27	特殊用地	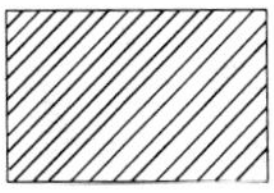	—
28	针叶林地	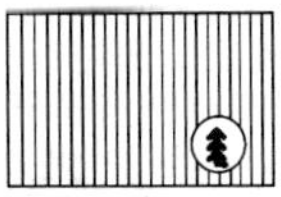	需区分天然林地、人工林地时，可用细线界框表示天然林地，粗线界框表示人工林地
29	阔叶林地	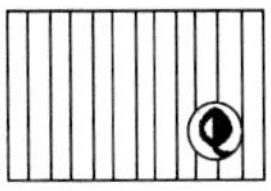	
30	针阔混交林地	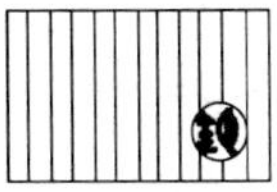	—
31	灌木林地	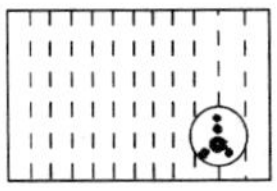	—
32	竹林地		—
33	经济林地	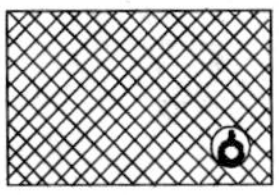	—
34	草原、草甸	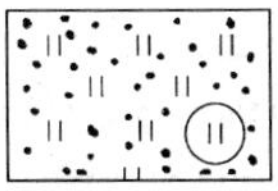	—

（3）种植工程常用图例

种植工程常用图例见表3-3～表3-5。

69

序号	名　称	图　例	说　明
1	落叶阔叶乔木		落叶乔、灌木均不填斜线；常绿乔、灌木加画45°细斜线。 阔叶树的外围线用弧裂形或圆形线；针叶树的外围线用锯齿形或斜刺形线。 乔木外形成圆形；灌木外形成不规则形。 乔木图例中粗线小圆表示现有乔木，细线小十字表示设计乔木；灌木图例中黑点表示种植位置。 凡大片树林可省略图例中的小圆、小十字及黑点
2	常绿阔叶乔木		
3	落叶针叶乔木		
4	常绿针叶乔木		
5	落叶灌木		
6	常绿灌木		
7	阔叶乔木疏林		—
8	针叶乔木疏林		常绿林或落叶林根据图画表现的需要加或不加45°细斜线
9	阔叶乔木密林		—
10	针叶乔木密林		—
11	落叶灌木疏林		—
12	落叶花灌木疏林		

序号	名 称	图 例	说 明
13	常绿灌木密林		—
14	常绿花灌木密林		—
15	自然形绿篱		—
16	整形绿篱		—
17	镶边植物		—
18	一、二年生草木花卉		—
19	多年生及宿根 草木花卉		—
20	一般草皮		—
21	缀花草皮		—
22	整形树木		—
23	竹丛		—
24	棕榈植物		—

序号	名　称	图　例	说　明
25	仙人掌植物		—
26	藤本植物		—
27	水生植物		—

枝 干 形 态　　　　　　　　　　　　　　　表 3-4

序号	名　称	图　例	说　明
1	主轴干侧分枝形		—
2	主轴干无分枝形		—
3	无主轴干多枝形		—
4	无主轴干垂枝形		—
5	无主轴干丛生形		—
6	无主轴干匍匐形		—

树 冠 形 态　　　　**表3-5**

序号	名　　称	图　　例	说　　明
1	圆锥形	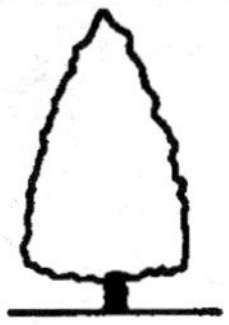	树冠轮廓线，凡针叶树用锯齿形；凡阔叶树用弧裂形表示
2	椭圆形	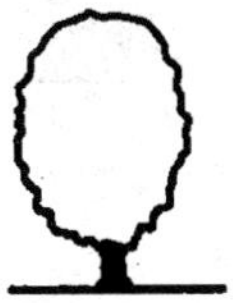	—
3	圆球形	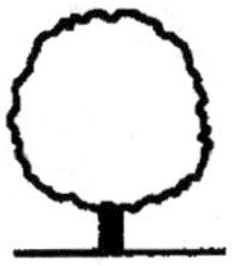	—
4	垂枝形	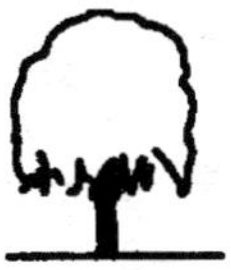	—
5	伞形	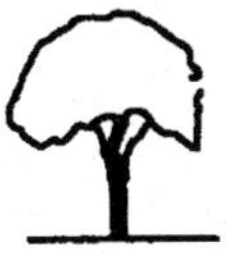	—
6	匍匐形		—

（4）绿地喷灌工程图例

绿地喷灌工程图例见表3-6。

绿地喷灌工程图例　　　　**表3-6**

序号	名　　称	图　　例	说　　明
1	永久螺栓	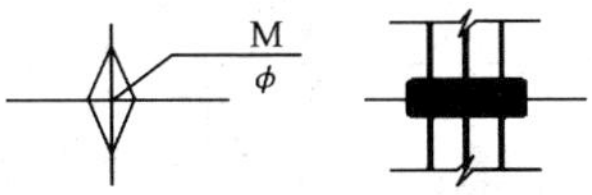	1. 细“+”线表示定位线 2. M表示螺栓型号 3. ϕ表示螺栓孔直径 4. d表示膨胀螺栓、电焊铆钉直径 5. 采用引出线标注螺栓时，横线上标注螺栓规格，横线下标注螺栓孔直径 6. b表示长圆形螺栓孔的宽度
2	高强螺栓	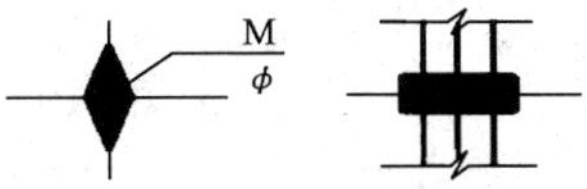	
3	安装螺栓	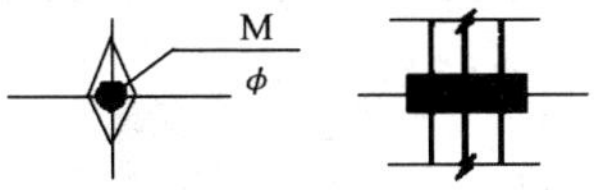	

序号	名　称	图　例	说　明
4	胀锚螺栓		1. 细"+"线表示定位线
5	圆形螺栓孔		2. M 表示螺栓型号
6	长圆形螺栓孔		3. φ 表示螺栓孔直径 4. d 表示膨胀螺栓、电焊铆钉直径
7	电焊铆钉		5. 采用引出线标注螺栓时，横线上标注螺栓规格，横线下标注螺栓孔直径 6. b 表示长圆形螺栓孔的宽度
8	偏心异径管		—
9	异径管		—
10	乙字管		—
11	喇叭口		—
12	转动接头		—
13	短管		—
14	存水弯		—
15	弯头		—
16	正三通		—
17	斜三通		—

序号	名　称	图　例	说　明
18	正四通		—
19	斜四通		—
20	浴盆排水件		—
21	闸阀		—
22	角阀		—
23	三通阀		—
24	四通阀		—
25	截止阀		—
26	电动阀		—
27	液动阀		—
28	气动阀		—
29	减压阀		左侧为高压端
30	旋塞阀	平面　　系统	—
31	底阀		—
32	球阀		—

序号	名 称	图 例	说 明
33	隔膜阀		—
34	气开隔膜阀		—
35	气闭隔膜阀		—
36	温度调节阀		—
37	压力调节阀		—
38	电磁阀	M	—
39	止回阀		—
40	消声止回阀		—
41	蝶阀		—
42	弹簧安全阀		左为通用
43	平衡锤安全阀		—
44	自动排气阀	平面 系统	—
45	浮球阀	平面 系统	—
46	延时自闭冲洗阀		—

序号	名　称	图　例	说　明
47	吸水喇叭口	平面　系统	—
48	疏水器		—
49	法兰连接		—
50	承插连接		—
51	活接头		—
52	管堵		—
53	法兰堵盖		—
54	弯折管		表示管道向后及向下弯转90°
55	三通连接		—
56	四通连接		—
57	盲板		—
58	管道丁字上接		—
59	管道丁字下接		—
60	管道交叉		在下方和后面的管道应断开
61	温度计		—

序 号	名　称	图　例	说　明
62	压力表		—
63	自动记录压力表		—
64	压力控制器		—
65	水表		—
66	自动记录流量计	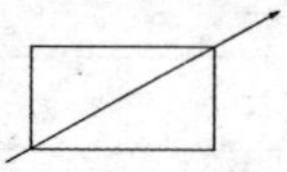	—
67	转子流量计	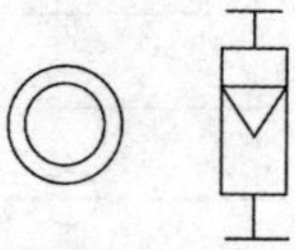	—
68	真空表		—
69	温度传感器	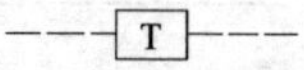 T	—
70	压力传感器	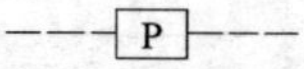 P	—
71	pH 值传感器	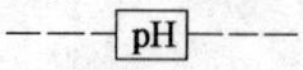 pH	—
72	酸传感器	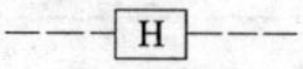 H	—
73	碱传感器	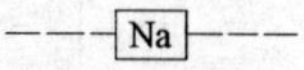 Na	—
74	氯传感器	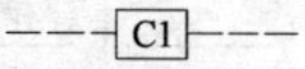 Cl	—

2. 园林树木的表现技法

（1）树木的平面表现技法

78

1）园林植物的基本画法。园林树木的平面图是指园林树木的水平投影图，如图 3-1（a）所示。园林植物绘制的基本笔法如图 3-1（b）所示。

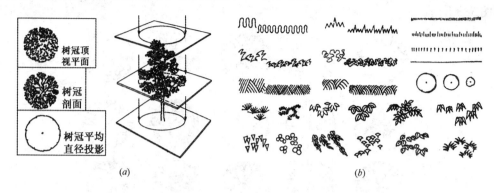

图 3-1　园林树木的水平投影图和基本笔法
（a）园林树木水平投影；（b）植物绘制基本笔法

园林树木平面图中树的绘制一般采用"图例图示"概括地表现，其方法是用圆心用大小不同的黑点表示树木的定植位置和树干的粗细，一个圆圈表示树木成龄以后树冠的形状和大小。为了能够更形象地区分不同种类的植物，常用不同形状的树冠线形来表示。

2）不同树木的平面表现手法：

①　针叶树的表现。园林中针叶树通常选择一些外周有锯齿的平面树形来表示，如图 3-2 所示。

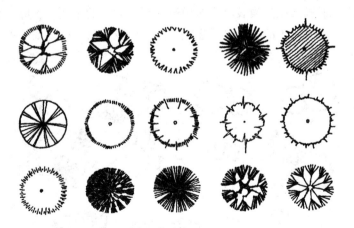

图 3-2　常用针叶树平面树例

落叶针叶树通常中部留空；常绿针叶树在树冠线平面符号内画出相互平行且间隔相等或有渐变变化的 45°细实线。

如果是手工表现图，线条则要活，还要强调手工线条的艺术性。

如果是工具图，则要画得比较规范。一般先用圆规进行辅助绘图，按照冠径和比例尺的大小，先画出辅助圆，然后再用特细钢笔画出圆的外部锯齿，如果比较熟练，也可以直接用特细钢笔画锯齿树例。

② 阔叶树的表现。阔叶树的树冠线一般为圆弧线或波浪线，且常绿的阔叶树多表现为浓密的叶子，并在树冠内加画平行斜线，落叶的阔叶树冬态多用分枝形或枝叶形表现，如图 3-3 所示。

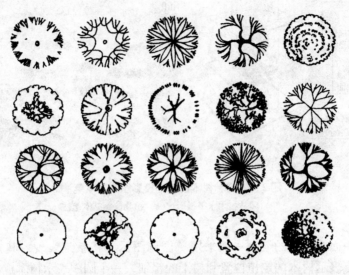

图 3-3　常用阔叶树平面树例

③ 树丛、树群、树林的表现。树丛、树群、树林也是由一棵棵树组成的，一般先确定其种植点的位置，再依据树木的大小和形态、按比例尺画出其大小和树形，注意单棵树之间的大小变化，形成对比。当表示几株相连的相同树木的平面时，应互相避让，使图形形成整体。当表示成群树木的平面时可连成一片。当表示成林的平面时可勾勒林缘线，如图 3-4 所示。

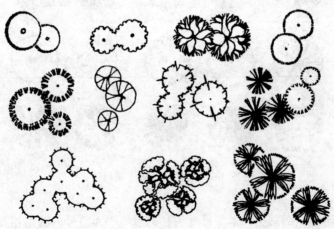

图 3-4　树丛、树群的表现

④ 丛植灌木、竹类、花丛、花境的表现。灌木没有明显的主干。单株灌木的平面表示与乔木类似。

灌木、竹类、花卉多以丛植为主，其平面画法多用曲线较自由地勾画出其种植范围，并在曲线内画出能反映其形状特征的叶子或花的图案加以装饰。花丛、花境的外部边缘不像树群、树丛那样严格，比较随意，在实际中很难分清楚其种植边缘。通常用如图3-5所示的图形表现。

⑤ 绿篱、模纹的表现。绿篱按其所选用的树种可分为针叶绿篱和阔叶绿篱，并有常绿及落叶之分。常绿绿篱可分为修剪与不修剪两种情况，常绿修剪绿篱与不修剪绿篱在平面图上表现的异同点是：两种都用斜线或弧线交叉表现，但由于修剪绿篱外轮廓修剪得比较整齐，所以一般用带有折口的直线绘出，而不修剪绿篱由于外轮廓线不整齐，因此用较自然曲线绘出，如图3-6所示。

图3-5　灌木、竹类、花丛、花境表现

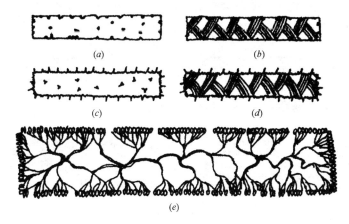

图3-6　绿篱的平面表现
（a）阔叶自然形绿篱；（b）阔叶整形绿篱；（c）针叶自然形绿篱；
（d）针叶整形绿篱；（e）阔叶绿篱的表现

⑥ 攀缘植物的平面表现。由于攀缘植物必须依附于其所要装饰的建筑小品生长（如花架、景墙等），因此，其画法也往往是在其被装饰的小品上用自由曲线比较随意自然地勾画出其形态，如图3-7所示。

⑦ 草地的表现。草坪在设计中起到一个基底的作用，相当于一个铺地的绿色背景，作用相当关键，在表现时主要有以下几种手法：

a. 打点法：点要大小一致，通常用特细笔较多，打点时笔要垂直纸面，不能像小蝌蚪一样留有尾巴，疏密

图3-7　攀缘植物的平面表现

有致，邻近建筑物、构筑物、树木、道路的地方应较密集，远离这些地方应较稀疏，注意疏密过渡要渐次自然，不能太突然，如图3-8所示。

b. 小短线法：将小短线排列成行，每行之间排列整齐的可用来表现修剪草坪，排列

不整齐的可用来表现草地和管理粗放的草坪。

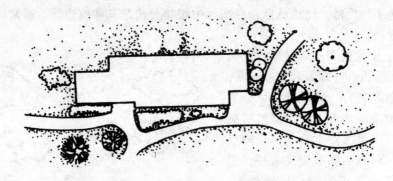

图 3-8 草地的平面表现（一）

c. 线段排列法：要求线段排列整齐，行间有断断续续的重叠，也可稍许留些空白或行间留白。另外，也可用斜线排列表现草坪，排列方式可规则也可随意，如图 3-9 所示。

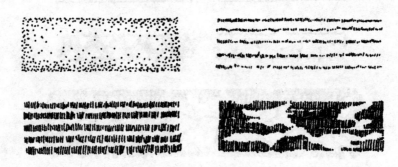

图 3-9 草地的平面表现（二）

用小短线法和线段排列法等表现草坪时，应先用淡铅笔在图上作平行稿线，根据草坪的范围可选用 2～6mm 间距的平行稿线组，若有地形等高线时，也可按上述的间距标准，依地形的曲折方向勾绘稿线，并使得相邻等高线之间的分布均匀，最后，用小短线或线段排列起来即可。

（2）植物的立面画法

1）乔木的立面表现。园林植物的立面画法表现主要应用于园林建筑单体设计中的立面图的配景中，另外在有些剖面图中也会用到园林植物的立面画法。

树木的立面表示方法也可分成轮廓、分枝和质感等几大类型，但是有时并不十分严格。树木的立面表现形式有写实的，也有图案的或稍加变形的，其风格应与树木平面和整个图画相一致，图案化的立面表现是比较理想的设计表现形式。树木立面图中的枝干、冠叶等的具体画法参考效果表现部分中树木的画法。图 3-10、图 3-11 所示为园林植物立面画法。

2）灌木的立面表现。在绘制灌木的立面图时，一般只用有一定变化的线、点或简单图形描绘灌木（丛）冠的轮廓线，再在轮廓线内按花叶的排列方向，根据光影效果画出有一定变化的线、点或简单图形，表示出花叶，分出空间层次表示空间感（图 3-12）。

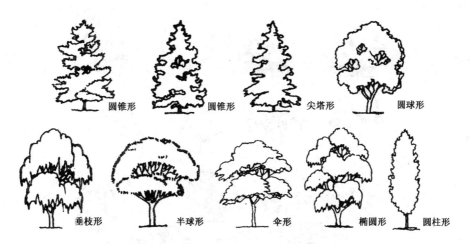

圆锥形　　　圆锥形　　　尖塔形　　　圆球形

垂枝形　　　半球形　　　伞形　　　椭圆形　圆柱形

图 3-10　园林植物立面画法表现（一）

图 3-11　园林植物立面画法表现（二）

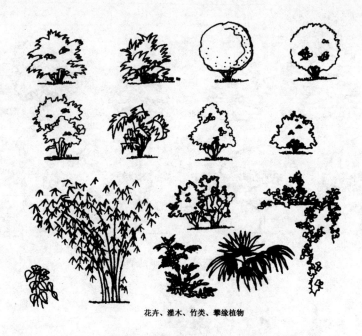

花卉、灌木、竹类、攀缘植物

图3-12 灌木的立面图绘制

3）绿篱的立面表现。绿篱的立面、效果表现一般与灌木相同，要注意绿篱的造型感和尺度的表达，如图3-13所示。

图3-13 绿篱的立面画法表现

3.1.2 绿化工程清单工程量计算规则

1. 绿地整理

绿地整理工程量清单项目设置、项目特征描述的内容、计量单位及工程量计算规则，应按表3-7的规定执行。

2. 栽植花木

栽植花木工程量清单项目设置、项目特征描述的内容、计量单位及工程量计算规则，应按表3-8的规定执行。

绿地整理（编码：050101） **表 3-7**

项目编码	项目名称	项目特征	计量单位	工程量计算规则	工程内容
050101001	砍伐乔木	树干胸径	株	按数量计算	1. 伐树 2. 废弃物运输 3. 场地清理
050101002	挖树根（蔸）	地径			1. 挖树根 2. 废弃物运输 3. 场地清理
050101003	砍挖灌木丛及根	丛高或蓬径	1. 株 2. m^2	1. 以株计量，按数量计算 2. 以平方米计量，按面积计算	1. 砍挖 2. 废弃物运输 3. 场地清理
050101004	砍挖竹及根	根盘直径	1. 株 2. 丛	按数量计算	
050101005	砍挖芦苇（或其他水生植物）及根	根盘丛径	m^2	按面积计算	
050101006	清除草皮	草皮种类			1. 除草 2. 废弃物运输 3. 场地清理
050101007	清除地被植物	植物种类			1. 清除植物 2. 废弃物运输 3. 场地清理
050101008	屋面清理	1. 屋面做法 2. 屋面高度		按设计图示尺寸以面积计算	1. 原屋面清扫 2. 废弃物运输 3. 场地清理
050101009	种植土回（换）填	1. 回填土质要求 2. 取土运距 3. 回填厚度	1. m^3 2. 株	1. 以立方米计量，按设计图示回填面积乘以回填厚度以体积计算 2. 以株计量，按设计图示数量计算	1. 土方挖、运 2. 回填 3. 找平、找坡 4. 废弃物运输
050101010	整理绿化用地	1. 回填土质要求 2. 取土运距 3. 回填厚度 4. 找平找坡要求 5. 弃渣运距	m^2	按设计图示尺寸以面积计算	1. 排地表水 2. 土方挖、运 3. 耙细、过筛 4. 回填 5. 找平、找坡 6. 拍实 7. 废弃物运输

项目编码	项目名称	项目特征	计量单位	工程量计算规则	工程内容
050101011	绿地起坡造型	1. 回填土质要求 2. 取土运距 3. 起坡平均高度	m³	按设计图示尺寸以体积计算	1. 排地表水 2. 土方挖、运 3. 耙细、过筛 4. 回填 5. 找平、找坡 6. 废弃物运输
050101012	屋顶花园基底处理	1. 找平层厚度、砂浆种类、强度等级 2. 防水层种类、做法 3. 排水层厚度、材质 4. 过滤层厚度、材质 5. 回填轻质土厚度、种类 6. 屋面高度 7. 阻根层厚度、材质、做法	m²	按设计图示尺寸以面积计算	1. 抹找平层 2. 防水层铺设 3. 排水层铺设 4. 过滤层铺设 5. 填轻质土壤 6. 阻根层铺设 7. 运输

栽植花木（编码：050102）   表3-8

项目编码	项目名称	项目特征	计量单位	工程量计算规则	工程内容
050102001	栽植乔木	1. 种类 2. 胸径或干径 3. 株高、冠径 4. 起挖方式 5. 养护期	株	按设计图示数量计算	1. 起挖 2. 运输 3. 栽植 4. 养护
050102002	栽植灌木	1. 种类 2. 跟盘直径 3. 冠丛高 4. 蓬径 5. 起挖方式 6. 养护期	1. 株 2. m²	1. 以株计量，按设计图示数量计算 2. 以平方米计量，按设计图示尺寸以绿化水平投影面积计算	
050102003	栽植竹类	1. 竹种类 2. 竹胸径或根盘丛径 3. 养护期	1. 株 2. 丛	按设计图示数量计算	
050102004	栽植棕榈类	1. 种类 2. 株高、地径 3. 养护期	株		

项目编码	项目名称	项 目 特 征	计量单位	工程量计算规则	工 程 内 容
050102005	栽植绿篱	1. 种类 2. 篱高 3. 行数、蓬径 4. 单位面积株数 5. 养护期	1. m 2. m²	1. 以米计量，按设计图示长度以延长米计算 2. 以平方米计量，按设计图示尺寸以绿化水平投影面积计算	1. 起挖 2. 运输 3. 栽植 4. 养护
050102006	栽植攀缘植物	1. 植物种类 2. 地径 3. 单位面积株数 4. 养护期	1. 株 2. m	1. 以株计量，按设计图示数量计算 2. 以米计量，按设计图示种植长度以延长米计算	
050102007	栽植色带	1. 苗木、花卉种类 2. 株高或蓬径 3. 单位面积株数 4. 养护期	m²	按设计图示尺寸以面积计算	
050102008	栽植花卉	1. 花卉种类 2. 株高或蓬径 3. 单位面积株数 4. 养护期	1. 株（丛、缸） 2. m²	1. 以株（丛、缸）计量，按设计图示数量计算 2. 以平方米计量，按设计图示尺寸以水平投影面积计算	
050102009	栽植水生植物	1. 植物种类 2. 株高或蓬径或芽数/株 3. 单位面积株数 4. 养护期	1. 丛（缸） 2. m²		
050102010	垂直墙体绿化种植	1. 植物种类 2. 生长年数或地（干）径 3. 栽植容器材质、规格 4. 栽植基质种类、厚度 5. 养护期	1. m² 2. m	1. 以平方米计量，按设计图示尺寸以绿化水平投影面积计算 2. 以米计量，按设计图示种植长度以延长米计算	1. 起挖 2. 运输 3. 栽植容器安装 4. 栽植 5. 养护
050102011	花卉立体布置	1. 草本花卉种类 2. 高度或蓬径 3. 单位面积株数 4. 种植形式 5. 养护期	1. 单体（处） 2. m²	1. 以单体（处）计量，按设计图示数量计算 2. 以平方米计量，按设计图示尺寸以面积计算	1. 起挖 2. 运输 3. 栽植 4. 养护
050102012	铺种草皮	1. 草皮种类 2. 铺种方式 3. 养护期	m²	按设计图示尺寸以绿化投影面积计算	1. 起挖 2. 运输 3. 铺底砂（土） 4. 栽植 5. 养护

项目编码	项目名称	项 目 特 征	计量单位	工程量计算规则	工 程 内 容
050102013	喷播植草 （灌木）籽	1. 基层材料种类规格 2. 草（灌木）籽种类 3. 养护期	m²	按设计图示尺寸以绿化投影面积计算	1. 基层处理 2. 坡地细整 3. 喷播 4. 覆盖 5. 养护
050102014	植草砖内植草	1. 草坪种类 2. 养护期			1. 起挖 2. 运输 3. 覆土（砂） 4. 栽植 5. 养护
050102015	挂网	1. 种类 2. 规格	m²	按设计图示尺寸以挂网投影面积计算	1. 制作 2. 运输 3. 安放
050102016	箱/钵栽植	1. 箱/钵体材料品种 2. 箱/钵外形尺寸 3. 栽植植物种类、规格 4. 土质要求 5. 防护材料种类 6. 养护期	个	按设计图示箱/钵数量计算	1. 制作 2. 运输 3. 安放 4. 栽植 5. 养护

3. 绿地喷灌

绿地喷灌工程量清单项目设置及工程量计算规则见表3-9。

绿地喷灌（编码：050103） 表3-9

项目编码	项目名称	项 目 特 征	计量单位	工程量计算规则	工 程 内 容
050103001	喷灌管线安装	1. 管道品种、规格 2. 管件品种、规格 3. 管道固定方式 4. 防护材料种类 5. 油漆品种、刷漆遍数	m	按设计图示管道中心线长度以延长米计算，不扣除检查（阀门）井、阀门、管件及附件所占的长度	1. 管道铺设 2. 管道固筑 3. 水压试验 4. 刷防护材料、油漆
050103002	喷灌配件安装	1. 管道附件、阀门、喷头品种、规格 2. 管道附件、阀门、喷头固定方式 3. 防护材料种类 4. 油漆品种、刷漆遍数	个	按设计图示数量计算	1. 管道附件、阀门、喷头安装 2. 水压试验 3. 刷防护材料、油漆

3.1.3 绿化工程清单相关问题及说明

1. 绿地整理

（1）整理绿化用地项目包含厚度≤300mm 回填土，厚度＞300mm 回填土。

（2）填方密实度要求，在无特殊要求情况下，项目特征可描述为满足设计和规范的要求。

（3）填方材料品种可以不描述，但应注明由投标人根据设计要求验方后方可填入，并符合相关工程的质量规范要求。

（4）填方粒径要求，在无特殊要求情况下，项目特征可以不描述。

（5）如需买土回填应在项目特征填方来源中描述，并注明买土方数量。

2. 栽植花木

（1）挖土外运、借土回填、挖（凿）土（石）方应包括在相关项目内。

（2）苗木计算应符合下列规定：

1）胸径应为地表面向上 1.2m 高处树干直径。

2）冠径又称冠幅，应为苗木冠丛垂直投影面的最大直径和最小直径之间的平均值。

3）蓬径应为灌木、灌丛垂直投影面的直径。

4）地径应为地表面向上 0.1m 高处树干直径。

5）干径应为地表面向上 0.3m 高处树干直径。

6）株高应为地表面至树顶端的高度。

7）冠丛高应为地表面至乔（灌）木顶端的高度。

8）篱高应为地表面至绿篱顶端的高度。

9）养护期应为招标文件中要求苗木种植结束后承包人负责养护的时间。

（3）苗木移（假）植应按花木栽植相关项目单独编码列项。

（4）土球包裹材料、树体输液保湿及喷洒生根剂等费用包含在相应项目内。

（5）墙体绿化浇灌系统按"绿地喷灌"相关项目单独编码列项。

（6）发包人如有成活率要求时，应在特征描述中加以描述。

3. 绿地喷灌

（1）挖填土石方应按现行国家标准《房屋建筑与装饰工程工程量计算规范》（GB 50854—2013）附录 A 相关项目编码列项。

（2）阀门井应按现行国家标准《市政工程工程量计算规范》（GB 50857—2013）相关项目编码列项。

3.1.4 绿地整理工程工程量计算公式

1. 横截面法计算土方量

横截面法适用于地形起伏变化较大或形状狭长地带，其方法是：首先，根据地形图及总平面图，将要计算的场地划分成若干个横截面，相邻两个横截面距离视地形变化而定。在起伏变化大的地段，布置密一些（即距离短一些），反之则可适当长一些。例如线路横断面在平坦地区，可取 50m 一个，山坡地区可取 20m 一个，遇到变化大的地段再加测断面。然后，实测每个横截面特征点的标高，量出各点之间距离（若测区已有比较精确的大比例尺地形图，也可在图上设置横截面，用比例尺直接量取距离，按等高线求算高程，方法简捷，就其精度来说，没有实测的高），按比例尺把每个横截面绘制到厘米方格纸上，并套上相应的设计断面，则自然地面和设计地面两轮廓线之间的部分，即是需要计算的施工部分。

其具体计算步骤如下：

（1）划分横截面：根据地形图（或直接测量）及竖向布置图，将要计算的场地划分横截面 A—A′，B—B′，C—C′，…划分原则为垂直等高线或垂直主要建筑物边长，横截面之间的间距可不等，地形变化复杂的间距宜小，反之宜大一些，但是最大不宜大于 100m。

（2）画截面图形：按比例画制每个横截面的自然地面和设计地面的轮廓线。设计地面轮廓线之间的部分，即为填方和挖方的截面。

（3）计算横截面面积：按表 3-10 的面积计算公式，计算每个截面的填方或挖方截面积。

常用横截面计算公式　　　　　　　　表 3-10

图　　　示	面积计算公式
	$F = h(b + nh)$
	$F = h\left[b + \dfrac{h(m+n)}{2} \right]$
	$F = b\dfrac{h_1 + h_2}{2} + nh_1 h_2$
	$F = h_1\dfrac{a_1 + a_2}{2} + h_2\dfrac{a_2 + a_3}{2} + h_3\dfrac{a_3 + a_4}{2} + h_4\dfrac{a_4 + a_5}{2}$
	$F = \dfrac{1}{2}a(h_0 + 2h + h_n)$ $h = h_1 + h_2 + h_3 + \cdots + h_n$

（4）计算土方量：根据截面面积计算土方量：

$$V = \frac{1}{2}(F_1 + F_2) \times L \tag{3-1}$$

90

式中　V——相邻两截面间的土方量（m^3）；

　F_1、F_2——相邻两截面的挖（填）方截面积（m^2）；

　　　L——相邻两截面间的间距（m）。

（5）按土方量汇总。

2. 方格网法计算土方量

方格网法是把平整场地的设计工作和土方量计算工作结合在一起进行的。

（1）划分方格网

在附有等高线的地形图（图样常用比例为1∶500）上作方格网，方格各边最好与测量的纵、横坐标系统对应，并对方格及各角点进行编号。方格边长在园林中一般用20m×20m或40m×40m。然后将各点设计标高和原地形标高分别标注于方格桩点的右上角和右下角，再将原地形标高与设计地面标高的差值（即各角点的施工标高）填土方格点的左上角，挖方为（＋）、填方为（－）。

其中原地形标高用插入法求得（图3-14），方法是：设 H_x 为欲求角点的原地面高程，过此点作相邻两等高线间最小距离 L。

$$H_x = H_a \pm \frac{xh}{L} \tag{3-2}$$

式中　H_a——低边等高线的高程；

　　　x——角点至低边等高线的距离；

　　　h——等高差。

插入法求某点地面高程通常会遇到以下3种情况。

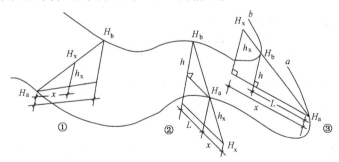

图3-14　插入法求任意点高程示意图

1）待求点标高 H_x 在两等高线之间，如图3-14中①所示：

$$H_x = H_a + \frac{xh}{L}$$

2）待求点标高 H_x 在低边等高线的下方，如图3-14中②所示：

$$H_x = H_a - \frac{xh}{L}$$

3）待求点标高 H_x 在低边等高线的上方，如图3-14中③所示

$$H_x = H_a + \frac{xh}{L}$$

在平面图上线段 H_a—H_b 是过待求点所做的相邻两等高线间最小水平距离 L。求出的标高数值——标记在图上。

（2）求施工标高

施工标高指方格网各角点挖方或填方的施工高度，其导出式为：

施工标高 = 原地形标高 − 设计标高   （3-3）

从式（3-3）看出，要求出施工标高，必须先确定角点的设计标高。为此，具体计算时，要通过平整标高反推出设计标高。设计中通常取原地面高程的平均值（算术平均或加权平均）作为平整标高。平整标高的含义就是将一块高低不平的地面在保证土方平衡的条件下，挖高垫低使地面水平，这个水平地面的高程就是平整标高。它是根据平整前和平整后土方数相等的原理求出的。当平整标高求得后，就可用图解法或数学分析法来确定平整标高的位置，再通过地形设计坡度，可算出各角点的设计标高，最后将施工标高求出。

（3）零点位置

零点是指不挖不填的点，零点的连线即为零点线，它是填方与挖方的界定线，因而零点线是进行土方计算和土方施工的重要依据之一。要识别是否有零点存在，只要看一个方格内是否同时有填方与挖方，如果同时有，则说明一定存在零点线。为此，应将此方格的零点求出，并标于方格网上，再将零点相连，即可分出填挖方区域，该连线即为零点线。

零点可通过下式求得，如图 3-15（a）所示：

$$x = \frac{h_1}{h_1 + h_2}a \tag{3-4}$$

式中　x——零点距 h_1 一端的水平距离（m）；

h_1、h_2——方格相邻二角点的施工标高绝对值（m）；

　　　a——方格边长。

零点的求法还可采用图解法，如图 3-15（b）所示。方法是将直尺放在各角点上标出相应的比例，而后用尺相接，凡与方格交点的为零点位置。

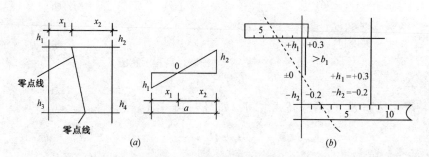

图 3-15　求零点位置示意图

（a）数学分析法；（b）图解法

（4）计算土方工程量

根据各方格网底面积图形以及相应的体积计算公式（表 3-11）来逐一求出方格内的挖方量或填方量。

项　目	图　解	计 算 公 式
一点填方 或挖方 （三角形）		$V = \dfrac{1}{2}bc\dfrac{\sum h}{3} = \dfrac{bch_3}{6}$ 当 $b=c=a$ 时，$V = \dfrac{a^2 h_3}{6}$
二点填方 或挖方 （梯形）		$V_+ = \dfrac{b+c}{2}a\dfrac{\sum h}{4} = \dfrac{a}{8}(b+c)(h_1+h_3)$ $V_- = \dfrac{d+e}{2}a\dfrac{\sum h}{4} = \dfrac{a}{8}(d+e)(h_2+h_4)$
三点填方 或挖方 （五角形）		$V = \left(a^2 - \dfrac{bc}{2}\right)\dfrac{\sum h}{5} = \left(a^2 - \dfrac{bc}{2}\right)\dfrac{h_1+h_2+h_4}{5}$
四点填方 或挖方 （正方形）		$V = \dfrac{a^2}{4}\sum h = \dfrac{a^2}{4}(h_1+h_2+h_3+h_4)$

注：1. a 为方格网的边长（m）；b、c 为零点到一角的边长（m）；h_1、h_2、h_3、h_4 为方格网四点脚的施工高程（m）；用绝对值代入；$\sum h$ 为填方或挖方施工高程的总和（m），用绝对值代入；V 为挖方或填方体积（m³）。

　　2. 本表公示是按各计算图形底面乘以平均施工高程而得出的。

（5）计算土方总量

将填方区所有方格的土方量（或挖方区所有方格的土方量）累计汇总，即得到该场地填方和挖方的总土方量，最后填入汇总表。

3.1.5　绿化工程清单工程量计算实例

【例3-1】　某市公园内有一块绿地，其整理施工场地的地形方格网如图 3-16 所示，方格网边长为 20m，试求该园林工程施工土方量。

【解】

（1）根据方格网各角点地面标高和设计标高，计算施工高度，如图 3-17 所示。

（2）计算零点，求零线：

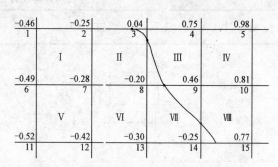

图 3-16　绿地整理施工场地方格网　　　　　图 3-17　方格网各角点的施工高度及零线

如图 3-17 所示，边线 2-3、3-8、8-9、9-14、14-15 上，角点的施工高度符号改变，说明这些边线上必有零点存在，按公式可计算各零点位置如下：

$$2\text{-}3 \text{ 线},\ x_{2-3}=\frac{0.25}{0.25+0.04}\times 20=17.24\text{m}$$

$$3\text{-}8 \text{ 线},\ x_{3-8}=\frac{0.04}{0.04+0.20}\times 20=3.33\text{m}$$

$$8\text{-}9 \text{ 线},\ x_{8-9}=\frac{0.20}{0.20+0.46}\times 20=6.06\text{m}$$

$$9\text{-}14 \text{ 线},\ x_{9-14}=\frac{0.46}{0.46+0.25}\times 20=12.96\text{m}$$

$$14\text{-}15 \text{ 线},\ x_{14-15}=\frac{0.25}{0.25+0.77}\times 20=4.9\text{m}$$

将所求零点位置连接起来，便是零线，即表示挖方和填方的分界线，如图 3-17 所示。

（3）计算各方格网的土方量：

1）方格网 I、V、VI 均为四方填方，则：

方格 I：$V_{I}^{(-)}=\frac{a^2}{4}\sum h=\frac{20^2}{4}\times(0.46+0.25+0.49+0.28)=148\text{m}^3$

方格 V：$V_{V}^{(-)}=\frac{20^2}{4}\times(0.49+0.28+0.52+0.42)=171\text{m}^3$

方格 VI：$V_{VI}^{(-)}=\frac{20^2}{4}\times(0.28+0.2+0.42+0.30)=120\text{m}^3$

2）方格 IV 为四方挖方，则：

$$V_{IV}^{(+)}=\frac{20^2}{4}\times(0.75+0.98+0.46+0.81)=300\text{m}^3$$

3）方格 II、VII 为三点填方一点挖方，计算图形如图 3-18 所示。

方格 II：

$$V_{II}^{(+)}=\frac{bc}{6}\sum h=\frac{2.76\times 3.33}{6}\times 0.04=0.06\text{m}^3$$

$$V_{II}^{(-)}=\left(a^2-\frac{bc}{2}\right)\frac{\sum h}{5}=\left(20^2-\frac{2.76\times 3.33}{2}\right)\times\left(\frac{0.25+0.28+0.20}{5}\right)=57.73\text{m}^3$$

94

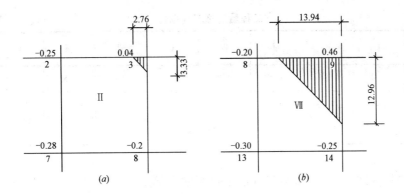

图 3-18　三填一挖方格网

（a）方格Ⅱ三填一挖方格网；（b）方格Ⅶ三填一挖方格网

方格Ⅶ：

$$V_{Ⅶ}^{(+)} = \frac{13.94 \times 12.96}{6} \times 0.46 = 13.85 \text{m}^3$$

$$V_{Ⅶ}^{(-)} = \left(20^2 - \frac{13.94 \times 12.96}{2}\right) \times \left(\frac{0.2 + 0.3 + 0.25}{5}\right) = 46.45 \text{m}^3$$

4）方格Ⅲ、Ⅷ为三点挖方一点填方，如图 3-19 所示。

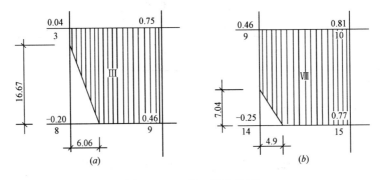

图 3-19　三挖一填方格网

（a）方格Ⅲ三挖一填方格网；（b）方格Ⅷ三挖一填方格网

方格Ⅲ：

$$V_{Ⅲ}^{(+)} = \left(a^2 - \frac{bc}{2}\right)\frac{\sum h}{5} = \left(20^2 - \frac{16.67 \times 6.06}{2}\right) \times \frac{0.04 + 0.75 + 0.46}{5} = 87.37 \text{m}^3$$

$$V_{Ⅲ}^{(-)} = \frac{bc}{6}h = \frac{16.67 \times 6.06}{6} \times 0.2 = 3.37 \text{m}^3$$

方格Ⅷ：

$$V_{Ⅷ}^{(+)} = \left(a^2 - \frac{bc}{2}\right)\frac{\sum h}{5} = \left(20^2 - \frac{7.04 \times 4.9}{2}\right) \times \frac{0.46 + 0.81 + 0.477}{5} = 156.16 \text{m}^3$$

$$V_{Ⅷ}^{(-)} = \frac{bc}{6}h = \frac{7.04 \times 4.9}{6} \times 0.25 = 1.44 \text{m}^3$$

（4）将以上计算结果汇总于表 3-12，并求余（缺）土外运（内运）量。

土方工程量汇总表（单位：m³）　　　　　表 3-12

方格网号	I	II	III	IV	V	VI	VII	VIII	合计
挖　方	—	0.06	87.37	300	—	—	13.85	156.16	557.44
填　方	148	57.73	3.37	—	171	120	46.45	1.44	547.99
土方外运	V = 557.44 − 547.99 = 9.45								

【例 3-2】 如图 3-20 所示为某草地中喷灌的局部平面示意图，管道长为 130m，管道埋于地下 500mm 处。其中管道采用镀锌钢管，公称直径为 90mm，阀门为低压塑料丝扣阀门，水表采用螺纹连接，为换向摇臂喷头，微喷，管道刷红丹防锈漆两遍，请计算喷灌管线安装的清单工程量。

【解】

清单工程量计算表见表 3-13，分部分项工程和单价措施项目清单与计价表见表 3-14。

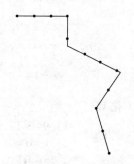

图 3-20　局部平面示意图

清单工程量计算表　　　　　表 3-13

工程名称：

序号	清单项目编码	清单项目名称	计　算　式	工程量合计	计量单位
1	050103001001	喷灌管线安装	设计图示数量	130	m
2	050103002001	喷灌配件安装		13	个

分部分项工程和单价措施项目清单与计价表　　　　　表 3-14

工程名称：

序号	项目编码	项目名称	项目特征描述	计量单位	工程量	金额（元）	
						综合单价	合价
1	050103001001	喷灌管线安装	管道长为 120m，管道埋于地下 600mm 处	m	130		
2	050103002001	喷灌配件安装	镀锌钢管，公称直径 90mm，阀门为低压塑料丝扣阀门，管道刷红丹防锈漆两遍	个	13		

【例 3-3】 如图 3-21 所示为某小区绿化中的局部绿篱示意图，分别计算单排绿篱、双排绿篱及 6 排绿篱工程量。

【解】

清单工程量计算表见表 3-15，分部分项工程和单价措施项目清单与计价表见表 3-16。

弦长19200

图 3-21　绿篱示意图

清单工程量计算表　　　　　　　　　　　　表 3-15

工程名称：

序号	清单项目编码	清单项目名称	计　算　式	工程量合计	计量单位
1	050102005001	栽植绿篱	设计图示数量	19.2	m
2	050102005002	栽植绿篱	19.20×2	38.4	m
3	050102005003	栽植绿篱	$19.20 \times 0.880 \times 6$	101.38	m^2

分部分项工程和单价措施项目清单与计价表　　　　　表 3-16

工程名称：

序号	项目编码	项目名称	项目特征描述	计量单位	工程量	金额（元）	
						综合单价	合价
1	050102005001	栽植绿篱	单　排	m	19.2		
2	050102005002	栽植绿篱	双　排	m	38.4		
3	050102005003	栽植绿篱	6　排	m^2	101.38		

【例3-4】　如图3-22所示为某局部绿化示意图，共有4个入口，有4个一样大小的花坛，请计算铺种草皮、喷播植草（灌木）籽清单工程量（养护期为两年）。

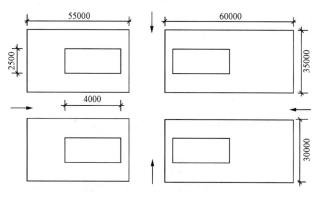

图 3-22　某局部绿化示意图

【解】

清单工程量计算表见表3-17，分部分项工程和单价措施项目清单与计价表见表3-18。

清单工程量计算表　　　　　　　　　　　　　　　　　表3-17

工程名称：

序号	清单项目编码	清单项目名称	计 算 式	工程量合计	计量单位
1	050102012001	铺种草皮	$S = 55 \times 35 + 60 \times 35 + 60 \times 30 + 55 \times 30$ $- 4.5 \times 2.5 \times 4$	7732	m²
2	050102013001	喷播植草（灌木）籽	$S = 4.5 \times 2.5 \times 4$	45	m²

分部分项工程和单价措施项目清单与计价表　　　　　　　　表3-18

工程名称：

序号	项目编码	项目名称	项目特征描述	计量单位	工程量	金额（元）综合单价	合价
1	050102012001	铺种草皮	养护两年	m²	7732		
2	050102013001	喷播植草（灌木）籽	养护两年	m²	45		

【例3-5】某绿地地面下埋有喷灌设施，采用镀锌钢管，阀门为低压丝扣阀门，水表采用法兰连接（带弯通管及止回阀），喷头埋藏旋转散射，管道刷红丹防锈漆两道，$L = 100$m，厚为140mm。喷灌管道系统如图3-23所示，请计算清单工程量。

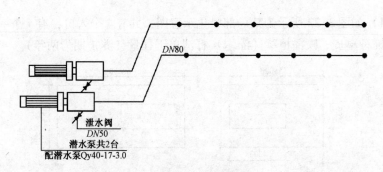

图3-23　喷灌管道系统图

【解】

清单工程量计算表见表3-19，分部分项工程和单价措施项目清单与计价表见表3-20。

【例3-6】如图3-24所示为绿地整理的一部分，包括树、树根、灌木丛、竹根、芦苇根、草皮的清理，请计算清单工程量。

98

清单工程量计算表　　　　　　　　表 3-19

工程名称：

序号	清单项目编码	清单项目名称	计　算　式	工程量合计	计量单位
1	050103001001	喷灌管线安装		100	m
2	050103002001	喷灌配件安装	设计图示数量	2	个
3	050103002002	喷灌配件安装		12	个

分部分项工程和单价措施项目清单与计价表　　　　　　表 3-20

工程名称：

序号	项目编码	项目名称	项目特征描述	计量单位	工程量	金额（元）	
						综合单价	合价
1	050103001001	喷灌管线安装	采用镀锌钢管，管道刷红丹防锈漆两道	m	100		
2	050103002001	喷灌配件安装	阀门为低压丝扣阀门	个	2		
3	050103002002	喷灌配件安装	水表用法兰连接喷头埋藏旋转散射	个	12		

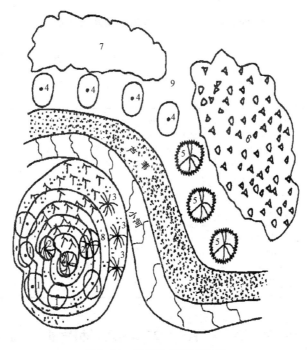

图 3-24　某绿地局部示意图

1—银杏；2—白蜡；3—白玉兰；4—五角枫；5—槿；
6—紫叶小檗；7—大叶黄杨；8—白三叶及缀花小草；9—竹林

【解】

清单工程量计算表见表3-21，分部分项工程和单价措施项目清单与计价表见表3-22。

清单工程量计算表 表3-21

工程名称：

序号	清单项目编码	清单项目名称	计 算 式	工程量合计	计量单位
1	050101001001	砍伐乔木	砍伐乔木（按估算数量计算，树干胸径10cm）	15	株
2	050101002001	挖树根（蔸）	挖树根15株（按估算数量计算，树干胸径10cm）	15	株
3	050101003001	砍挖灌木丛及根	砍挖灌木丛4株丛（按估算数量计算，丛高1.5m）	4	株
4	050101004001	砍挖竹及根	挖竹根1株丛（按估算数量计算，根盘直径5cm）	1	株
5	050101005001	挖芦苇（或其他水生植物）根	挖芦苇根18.00m² （按估算数量计算，丛高1.6m）	18.00	m²
6	050101005001	清除草皮	清除草皮90.00m² （按估算数量计算，丛高25cm）	90.00	m²

分部分项工程和单价措施项目清单与计价表 表3-22

工程名称：

序号	项目编码	项目名称	项目特征描述	计量单位	工程量	金额（元）	
						综合单价	合价
1	050101001001	砍伐乔木	树干胸径10cm	株	15		
2	050101002001	挖树根（蔸）	地径10cm以内	株	15		
3	050101003001	砍挖灌木丛及根	丛高1.5m	株	4		
4	050101004001	砍挖竹及根	根盘直径5cm	株	1		
5	050101005001	挖芦苇（或其他水生植物）根	丛高1.6m	m²	18.00		
6	050101005001	清除草皮	丛高25cm	m²	90.00		

【例3-7】 某地为扩建需要，需将图3-25绿地上的植物进行挖掘、清除，请计算其清单工程量。

【解】

清单工程量计算表见表3-23，分部分项工程和单价措施项目清单与计价表见表3-24。

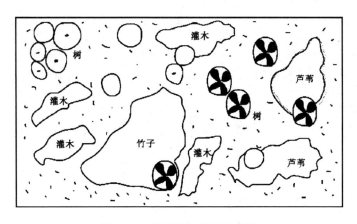

图 3-25　绿地整理局部示意图

注：①芦苇面积约 18m²；

②卓皮面积约 90m²。

清单工程量计算表　　　　　　　表 3-23

工程名称：

序号	清单项目编码	清单项目名称	计　算　式	工程量合计	计量单位
1	050101001001	砍伐乔木	砍伐乔木（树干胸径均在 30cm 以内）银杏：5 株；五角枫：4 株；白蜡：3 株；白玉兰：3 株；木槿：3 株。以上均按估算数量计算	18	株
2	050101002001	挖树根（蔸）	银杏：5 株；五角枫：4 株；白蜡：3 株；白玉兰：3 株；木槿：3 株。以上均按估算数量计算	18	株
3	050101003001	砍挖灌木丛及根	紫叶小檗：480 株丛（按估算数量计算）（丛高 1.6m）	480	株
4	050101003002	砍挖灌木丛及根	大叶黄杨：360 株丛（按估算数量计算）（丛高 2.5m）	360	株
5	050101004001	砍挖竹及根	竹林：160 株丛（按估算数量计算）（根直径 10cm）	160	株
6	050101005001	砍挖芦苇（或其他水生植物）及根	芦苇根：10m²（按估算面积计算）（丛高 1.8m）	10.00	m²
7	050101006001	清除草皮	白三叶草及缀花小草 120m²（按估算面积计算）（丛高 0.6m）	120.00	m²

【例 3-8】某公园进行局部绿化施工，整体为草地及踏步，踏步厚度为 120mm，灰土厚度为 250mm，如图 3-26 所示。试计算铺种草皮、踏步现浇混凝土及灰土垫层的工程量。

工程名称：

序号	项目编码	项目名称	项目特征描述	计量单位	工程量	金额（元）	
						综合单价	合价
1	050101001001	砍伐乔木	树干胸径均在30cm以内	株	18		
2	050101002001	挖树根（蔸）	地径30cm以内	株	18		
3	050101003001	砍挖灌木丛及根	丛高1.6m	株	480		
4	050101003002	砍挖灌木丛及根	丛高2.5m	株	360		
5	050101004001	砍挖竹及根	根盘直径10cm	株	160		
6	050101005001	砍挖芦苇（或其他水生植物）及根	丛高1.8m	m²	10.00		
7	050101006001	清除草皮	丛高0.6m	m²	120.00		

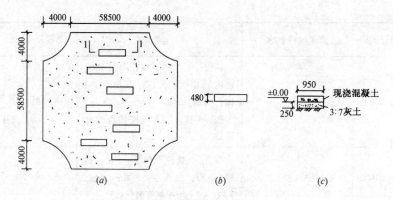

图3-26　某公园局部绿化示意图

（a）平面图；（b）踏步平面图；（c）1-1剖面图

【解】

清单工程量计算表见表3-25，分部分项工程和单价措施项目清单与计价表见表3-26。

清单工程量计算表　　　　　　　表3-25

工程名称：

序号	清单项目编码	清单项目名称	计算式	工程量合计	计量单位
1	050102012001	铺种草皮	$S = (4 \times 2 + 58.5)^2 - \dfrac{3.14 \times 4^2}{4} \times 4 - 0.95 \times 0.48 \times 7$	4368.82	m²
2	010507007001	其他构件	$V = Sh = 0.95 \times 0.48 \times 0.12 \times 7$	0.38	m³
3	010501001001	垫层	3:7灰土垫层工程量 = $0.95 \times 0.48 \times 0.25$	0.11	m³

分部分项工程和单价措施项目清单与计价表　　　　表 3-26

工程名称：

序号	项目编码	项目名称	项目特征描述	计量单位	工程量	金额（元）	
						综合单价	合价
1	050102012001	铺种草皮	铺种草坪	m²	4368.82		
2	010507007001	其他构件	现浇混凝土踏步	m³	0.38		
3	010501001001	垫　层	3:7 灰土垫层	m³	0.11		

【例3-9】某小区娱乐场地要进行绿化，图3-27是局部绿化带，其中月季总占地面积约为38m²，鸢尾总占地面积约为38m²，红花酢浆草总占地面积约为8000.00m²，请计算其清单工程量。

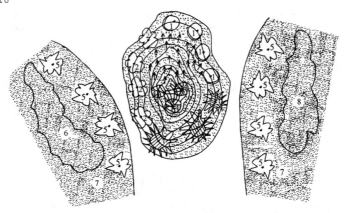

图 3-27　局部绿化带

1—银杏；2—广玉兰；3—雪松；4—紫叶李；5—蒲葵；
6—月季；7—红花酢浆草；8—鸢尾

【解】

清单工程量计算表见表3-27，分部分项工程和单价措施项目清单与计价表见表3-28。

清单工程量计算表　　　　表 3-27

工程名称：

序号	清单项目编码	清单项目名称	计　算　式	工程量合计	计量单位
1	050102002001	栽植灌木	按设计图示数量计算	3	株
2	050102002002	栽植灌木	按设计图示数量计算	3	株
3	050102004001	栽植棕榈类	按设计图示数量计算	8	株
4	050102008001	栽植花卉	月季：190株（总占地面积为38m²）	190	株
5	050102008002	栽植花卉	鸢尾：180株（总占地面积为38m²）	180	株
6	050102013001	喷播植草（灌木）籽	红花酢浆草：8000.00m²	8000.00	m²

分部分项工程和单价措施项目清单与计价表　　　　表3-28

工程名称：

序号	项目编码	项目名称	项目特征描述	计量单位	工程量	金额（元）	
						综合单价	合价
1	050102002001	栽植灌木	紫叶李	株	3		
2	050102002002	栽植灌木	雪　松	株	3		
3	050102004001	栽植棕榈类	蒲　葵	株	8		
4	050102008001	栽植花卉	月　季	株	190		
5	050102008002	栽植花卉	鸢　尾	株	180		
6	050102013001	喷播植草(灌木)籽	红花酢浆草	m²	8000.00		

【例3-10】某住宅小区内有一绿地如图3-28所示，现重新整修，需要把以前所种植物全部更新，绿地面积为300m²，绿地中两个灌木丛占地面积为80m²，竹林面积为40m²。场地需要重新平整，绿地内为普坚土，挖出土方量为140m³，种入植物后还余40m³，请计算其清单工程量。

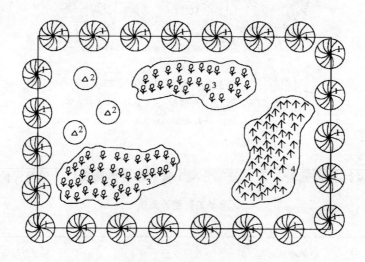

图3-28　某小区绿地

1—毛白杨；2—红叶李；3—月季；4—竹子

【解】

清单工程量计算表见表3-29，分部分项工程和单价措施项目清单与计价表见表3-30。

【例3-11】某公园绿地，共栽植广玉兰38株（胸径7～8cm），旱柳83株（胸径9～10cm）。试计算工程量，并填写分部分项工程量清单与计价表和工程量清单综合单价分析表。

工程名称：

序号	清单项目编码	清单项目名称	计 算 式	工程量合计	计量单位
1	050101001001	砍伐乔木	按设计图示数量计算	15	株
2	050101001002	砍伐乔木	按设计图示数量计算	8	株
3	050101001003	砍伐乔木	按设计图示数量计算	3	株
4	050101002001	挖树根（蔸）	按设计图示数量计算	15	株
5	050101002002	挖树根（蔸）	按设计图示数量计算	8	株
6	050101002003	挖树根（蔸）	按设计图示数量计算	4	株
7	050101003001	砍挖灌木丛及根	按设计图示数量计算	64	株
8	050101004001	砍挖竹及根	按设计图示数量计算	50	株
9	050101006001	清除草皮	草皮的面积＝总的绿化面积－灌木丛的面积－竹林的面积 即：草皮的面积＝300－80－40	180	m²
10	050101010001	整理绿化用地	题中已知	300	m²
11	010101002001	挖一般土方	题中已知	140	m³
12	010103001001	回填方	$V_填＝V_挖－V_余＝140－40$	100	m³

工程名称：

序号	项目编码	项目名称	项目特征描述	计量单位	工程量	金额（元）	
						综合单价	合价
1	050101001001	砍伐乔木	毛白杨，离地面 20cm 处树干直径在 30cm 以内	株	15		
2	050101001002	砍伐乔木	毛白杨，离地面 20cm 处树干直径在 40cm 以内	株	8		
3	050101001003	砍伐乔木	红叶李，离地面 20cm 处树干直径在 30cm 以内	株	3		
4	050101002001	挖树根（蔸）	毛白杨，地径在 30cm 以内	株	15		
5	050101002002	挖树根（蔸）	毛白杨，地径在 40cm 以内	株	8		
6	050101002003	挖树根（蔸）	红叶李，地径在 30cm 以内	株	4		
7	050101003001	砍挖灌木丛及根	月季，胸径 10cm 以下	株	64		
8	050101004001	砍挖竹及根	竹子	株	50		
9	050101006001	清除草皮	人工清除草皮	m²	180		
10	050101010001	整理绿化用地	人工整理绿化用地	m²	300		
11	010101002001	挖一般土方	普坚土	m³	140		
12	010103001001	回填方	普坚土	m³	100		

【解】

根据施工图计算可知：

广玉兰（胸径 7~8cm），38 株，旱柳（胸径 9~10cm），83 株，共 121 株

（1）广玉兰（胸径 7~8cm），38 株

1）普坚土种植（胸径 7~8cm）：

① 人工费：14.37×38＝546.06（元）

② 材料费：5.99×38＝227.62（元）

③ 机械费：0.34×38＝12.92（元）

④ 合计：786.6 元

2）普坚土掘苗，胸径 10cm 以内：

① 人工费：8.47×38＝321.86（元）

② 材料费：0.17×38＝6.46（元）

③ 机械费：0.20×38＝7.6（元）

④ 合计：335.92 元

3）裸根乔木客土（100×70）胸径 7~10cm：

① 人工费：3.76×38＝142.88（元）

② 材料费：0.55×38×5＝104.5（元）

③ 机械费：0.07×38＝2.66（元）

④ 合计：250.04 元

4）场外运苗，胸径 10cm 以内，38 株：

① 人工费：5.15×38＝195.7（元）

② 材料费：0.24×38＝9.12（元）

③ 机械费：7.00×38＝266（元）

④ 合计：470.82 元

5）广玉兰，（胸径 7~8cm）：

① 材料费：76.5×38＝2907（元）

② 合计：2907 元

6）综合：

① 直接费小计：4750.38 元，其中人工费：1206.5（元）

② 管理费：4750.38×34%＝1615.13（元）

③ 利润：4750.38×8%＝380.03（元）

④ 小计：4750.38＋1615.13＋380.03＝6745.54（元）

⑤ 综合单价：6745.54÷38＝177.51（元/株）

（2）旱柳（胸径 9~10cm），83 株

1）普坚土种植（胸径 7~8cm）：

① 人工费：14.37×83＝1192.71（元）

② 材料费：5.99×83＝497.17（元）

③ 机械费：0.34×83＝28.22（元）

④ 合计：1718.1 元

2）普坚土掘苗，胸径10cm以内：

① 人工费：$8.47 \times 83 = 703.01$（元）

② 材料费：$0.17 \times 83 = 14.11$（元）

③ 机械费：$0.20 \times 83 = 16.6$（元）

④ 合计：733.72 元

3）裸根乔木客土（100×70）胸径7~10cm：

① 人工费：$3.76 \times 83 = 312.08$（元）

② 材料费：$0.55 \times 83 \times 5 = 228.25$（元）

③ 机械费：$0.07 \times 83 = 5.81$（元）

④ 合计：546.14 元

4）场外运苗，胸径10cm以内，83株：

① 人工费：$5.15 \times 83 = 427.45$（元）

② 材料费：$0.24 \times 83 = 19.92$（元）

③ 机械费：$7.00 \times 83 = 581$（元）

④ 合计：1028.37 元

5）旱柳（胸径9~10cm）：

① 材料费：$28.8 \times 83 = 2390.4$（元）

② 合计：2390.4 元

6）综合：

① 直接费小计：6416.73 元，其中人工费：2635.25 元

② 管理费：$6416.73 \times 34\% = 2181.69$（元）

③ 利润：$6416.73 \times 8\% = 513.34$（元）

④ 小计：$6416.73 + 2181.69 + 513.34 = 9111.76$（元）

⑤ 综合单价：$9111.76 \div 83 = 109.78$（元/株）

其分部分项工程量清单与计价表及工程量清单综合单价分析表，见表3-31~表3-33。

分部分项工程量清单与计价表　　　　　　　　　　表3-31

工程名称：公园绿地种植工程　　　　　　标段：　　　　　　　　　第 页 共 页

序号	项目编码	项目名称	项目特征描述	计量单位	工程量	金额/元	
						综合单价	合价
1	050102001001	栽植乔木	广玉兰，胸径7~8cm	株	38	177.51	6745.54
2	050102001002	栽植乔木	旱柳，胸径9~10cm	株	83	109.78	9111.76
			本页小计				15857.3
			合　　计				15857.3

工程量清单综合单价分析表

表 3-32

工程名称：公园绿地种植工程　　　　　　标段：　　　　　　　第　页　共　页

项目编码	050102001001		项目名称	栽植乔木	计量单位	m	工程量	38

综合单价组成明细

定额编号	定额项目名称	定额单位	数量	单价/元				合价/元			
				人工费	材料费	机械费	管理费和利润	人工费	材料费	机械费	管理费和利润
2-3	普坚土种植,胸径10cm以内	株	1	14.37	5.99	0.34	8.69	14.37	5.99	0.34	8.69
3-1	普坚土掘苗,胸径10cm以内	株	1	8.47	0.17	0.20	3.71	8.47	0.17	0.20	3.71
4-3	裸根乔木客土(100×70)胸径10cm以内	株	1	3.76	—	0.07	1.61	3.76	—	0.07	1.61
3-25	场外运苗,胸径10cm以内	株	1	5.15	0.24	7.00	5.21	5.15	0.24	7.00	5.21
—	广玉兰,胸径10cm以内	株	1	—	76.5	—	32.13	—	76.5	—	32.13
人工单价		小　　计						31.75	82.9	7.61	51.35
30.81 元/工日		未计价材料费						3.9			
清单项目综合单价								177.51			

材料费明细	名称、规格、型号	单位	数量	单价/元	合价/元	暂估单价/元	暂估合价/元
	土	m³	0.78	5	3.9		
	其他材料费			—		—	
	材料费小计			—	3.9	—	

工程量清单综合单价分析表

表3-33

工程名称：公园绿地种植工程 标段： 第 页 共 页

项目编码	050102001001	项目名称		栽植乔木	计量单位		m	工程量		83

综合单价组成明细

定额编号	定额项目名称	定额单位	数量	单价/元				合价/元			
				人工费	材料费	机械费	管理费和利润	人工费	材料费	机械费	管理费和利润
2-3	普坚土种植，胸径10cm以内	株	1	14.37	5.99	0.34	8.69	14.37	5.99	0.34	8.69
3-1	普坚土掘苗，胸径10cm以内	株	1	8.47	0.17	0.20	3.71	8.47	0.17	0.20	3.71
4-3	裸根乔木客土（100×70）胸径10cm以内	株	1	3.76	—	0.07	1.61	3.76	—	0.07	1.61
3-25	场外运苗，胸径10cm以内	株	1	5.15	0.24	7.00	5.21	5.15	0.24	7.00	5.21
—	旱柳，胸径9~10cm	株	1	—	28.8	—	12.10	—	28.8	—	12.10
人工单价		小 计						31.75	35.2	7.61	31.32
30.81 元/工日		未计价材料费						3.9			
清单项目综合单价								109.78			

	名称、规格、型号		单位	数量	单价/元	合价/元	暂估单价/元	暂估合价/元
材料费明细	土		m³	0.78	5	3.9		
	其他材料费					—		—
	材料费小计					—	3.9	—

3.2 园路、园桥工程清单计价工程量计算

3.2.1 园路、园桥工程施工图表现技法

1. 园路、园桥工程常用识图图例

（1）园路及地面工程图例

园路及地面工程图例见表 3-34。

园路及地面工程图例　　　　　　　　表 3-34

序号	名称	图例	说明
1	道路		—
2	铺装路面		—
3	台阶		箭头指向表示向上
4	铺砌场地		也可依据设计形态表示

（2）驳岸挡土墙工程图例

驳岸挡土墙工程图例见表 3-35。

驳岸挡土墙工程图例　　　　　　　　表 3-35

序号	名称	图例	序号	名称	图例
1	护坡		4	台阶	
2	挡土墙		5	排水明沟	
3	驳岸		6	有盖的排水沟	

序 号	名 称	图 例	序 号	名 称	图 例
7	天然石材	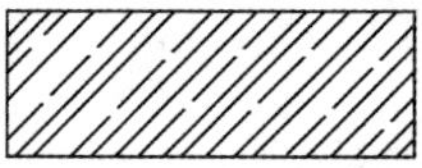	16	金属	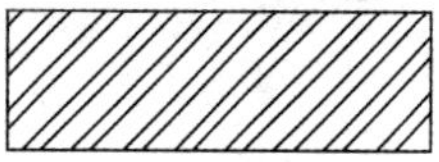
8	毛石	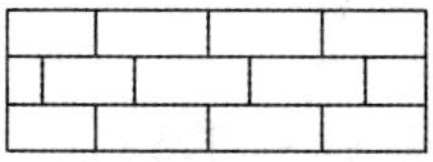	17	松散材料	
9	普通砖	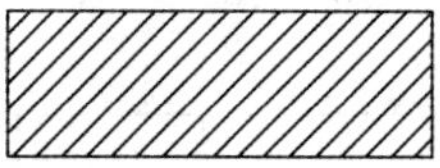	18	木材	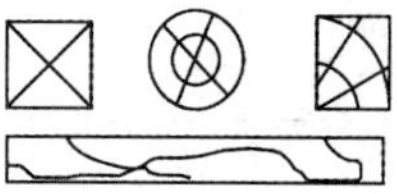
10	耐火砖	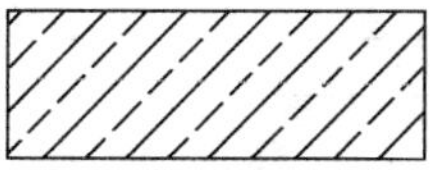	19	胶合板	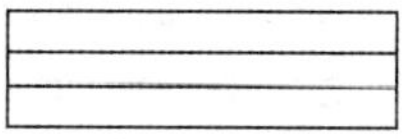
11	空心砖	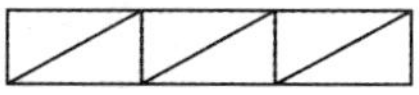	20	石膏板	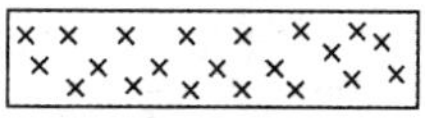
12	饰面砖	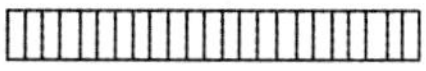	21	多孔材料	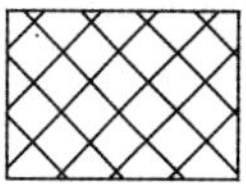
13	混凝土	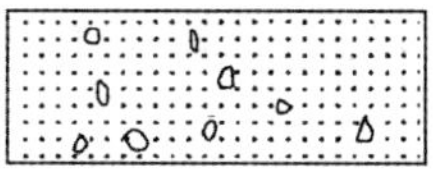	22	玻璃	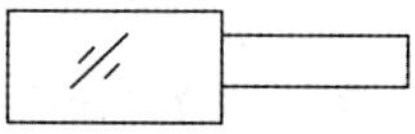
14	钢筋混凝土	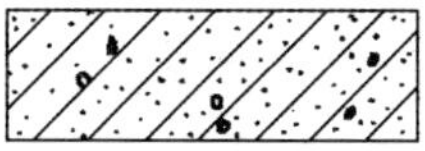	23	纤维材料或人造板	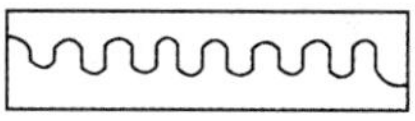
15	焦砟、矿渣	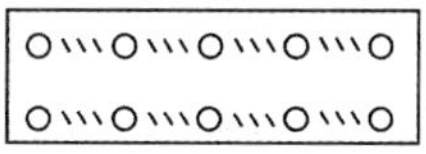			

2. 园路、园桥构造及示意图

（1）园路

1）园路的构造形式。园路一般有街道式和公路式两种构造形式，街道式结构如图 3-29（a）所示，公路式结构如图 3-29（b）所示。

2）园路的结构组成。园路的路面结构是多种多样的，一般由路面、路基和附属工程三部分组成。

①路面。园路路面由面层、基层、结合层和垫层共四层构成，比城市道路简单，其典型的路面图式如图 3-30 所示。

②路基。路基是处于路面基层以下的基础，其主要作用是为路面提供一个平整的基面，承受路面传下来的荷载，保证路面强度和稳定性，以及路面的使用寿命。

③附属工程。

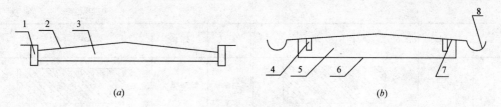

图 3-29　园路构造示意

（a）街道式；（b）公路式

1—立道、立道牙；2—路面；3—路基；4—平道牙；
5—路面；6—路基；7—路肩；8—明沟

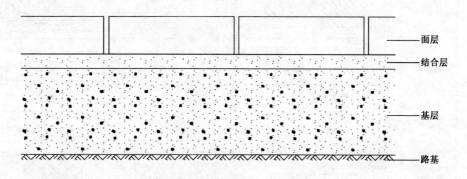

图 3-30　路面层结构图

a. 道牙。道牙是安置在园路两侧的园路附属工程。其作用主要是保护路面、便于排水、使路面与路肩在高程上起衔接作用等。

道牙一般分为立道牙和平道牙两种形式，立道牙是指道牙高于路面，如图 3-31（a）所示；平道牙是指道牙表面和路面平齐，如图 3-31（b）所示。

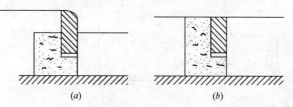

图 3-31　道牙形式

（a）立道牙；（b）平道牙

b. 明沟和雨水井。明沟和雨水井是收集路面雨水而建的构筑物，在园林中常用砖块砌成。明沟一般多用于平道道牙的路两侧，而雨水井则主要用于立道牙的路面道牙内侧，如图 3-32 所示。

图 3-32　明沟和雨水井与道牙的关系

c. 台阶。当路面坡度大于 12°时，为了便于行走，且不需要通行车辆的路段，就应设计台阶。

d. 礓礤。在坡度较大的地段上，一般纵坡超过 15% 时，本应设台阶，但为了能通行车辆，将斜面作成锯齿形坡道，称为礓礤。其形式和尺寸，如图 3-33 所示。

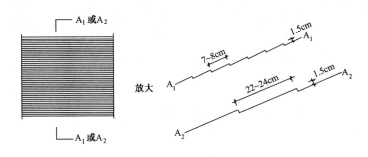

图 3-33　礓礤做法

e. 磴道。在地形陡峭的地段，可结合地形或利用露岩设置磴道。当其纵坡大于 60% 时，应做防滑处理，并设扶手栏杆等。

f. 种植池。在路边或广场上栽种植物，一般应留种植池，种植池的大小应由所栽植物的要求而定，在栽种高大乔木的种植池上应设保护栅。

常用园路结构见表 3-36。

常用园路结构　　　　　　　　　　　　　　　表 3-36

编号	类　型	结　　　　　构	
1	石板嵌草路	1. 100mm 厚石板 2. 50mm 厚黄砂 3. 素土夯实 　注：石缝 30～50mm 嵌草	
2	卵石嵌花路	1. 70mm 厚预制混凝土嵌卵石 2. 50mm 厚 M2.5 混合砂浆 3. 一步灰土 4. 素土夯实	
3	方砖路	1. 500mm×500mm×100mmC15 混凝土方砖 2. 50mm 厚粗砂 3. 150～250mm 厚灰土 4. 素土夯实 　注：胀缝加 10mm×95mm 橡皮条	
4	水泥混凝土路	1. 80～150mm 厚 C20 混凝土 2. 80～120mm 厚碎石 3. 素土夯实 　注：基层可用二渣（水淬渣、散石灰），三渣（水淬渣、散石灰、道砟）	

编号	类型	结　构	
5	卵石路	1. 70mm 厚混凝土上栽小卵石 2. 30～50mm 厚 M2.5 混合砂浆 3. 150～250mm 厚碎砖三合土 4. 素土夯实	
6	沥青 碎石路	1. 10mm 厚二层沥青表面处理 2. 50mm 厚泥结碎石 3. 150mm 厚碎砖或白灰、煤渣 4. 素土夯实	
7	羽毛球场 铺地	1. 20mm 厚 1：3 水泥砂浆 2. 80mm 厚 1：3：6 水泥、白灰、碎砖 3. 素土夯实	
8	步石	1. 大块毛石 2. 基石用毛石或 100mm 厚水泥混凝土板	
9	块石汀步	1. 大块毛石 2. 基石用毛石或 100mm 厚水泥混凝土板	
10	荷叶汀步	钢筋混凝土现浇	
11	透气透水性 路面	1. 彩色异型砖 2. 石灰砂浆 3. 少砂水泥混凝土 4. 天然级配砂砾	

（2）园桥

园林工程中常见的园桥有钢筋混凝土拱桥、石拱桥、双曲拱桥、单孔平桥等，在此处主要介绍石拱桥与单孔平桥。

1）小石拱桥。石拱桥可修筑成单孔或多孔的，如图 3-34 所示为小石拱桥构造示意图。

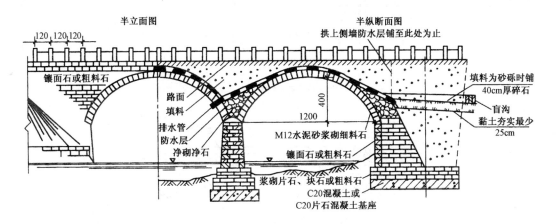

图 3-34　小石拱桥构造示意

单孔拱桥主要由拱圈、拱上构造和两个桥台组成。拱圈是拱桥主要的承重结构。拱圈的跨中截面称为拱顶，拱圈与桥台（墩）连接处称为拱脚或起拱面。拱圈各横向截面的形心连线称为拱轴线。当跨径小于 20m 时，采用圆弧线，为林区石拱桥所多见；当跨径大于或等于 20m 时，则采用悬链线形。拱圈的上曲面称为拱背，下曲面称为拱腹。起拱面与拱腹的交线称为起拱线。在同一拱圈中，两起拱线间的水平距离称为拱圈的净跨径（L_0），拱顶下缘至两起拱线连线的垂直距离称为拱圈的净矢高（f_0），矢高与跨径之比（f_0/L_0）称为矢跨比（又称拱矢度），是影响拱圈形状的重要参数。

拱圈以上的构造部分叫做拱上构造，由侧墙、护拱、拱腔填料、排水设施、桥面、檐石、人行道、栏杆、伸缩缝等结构组成。

2）单孔平桥。如图 3-35 所示为单孔平桥构造示意图。

3）驳岸。驳岸是一面临水的挡土墙，是支持陆地和防止岸壁坍塌的水工构筑物。

由图 3-36 可见，驳岸可分为湖底以下部分、常水位至低水位部分、常水位与高水位之间部分和高水位以上部分。

高水位以上部分是不淹没部分，主要受风浪撞击和淘刷、日晒风化或超重荷载，致使下部坍塌，造成岸坡损坏。

常水位至高水位部分（B～A）属周期性淹没部分，多受风浪拍击和周期性冲刷，使水岸土壤遭冲刷而淤积水中，损坏岸线，影响景观。

常水位到低水位部分（B～C）是常年被淹部分，其主要是湖水浸渗冻胀，剪力破坏，风浪淘刷。我国北方地区因冬季结冻，常造成岸壁断裂或移位。有时因波浪淘刷，土壤被淘空后导致坍塌。

C 以下部分是驳岸基础，主要影响地基的强度。

①驳岸的造型。驳岸造型分类见图 3-37 所示。

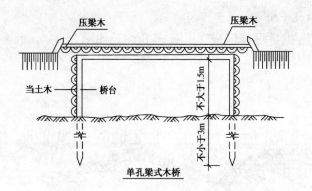

单孔梁式木桥

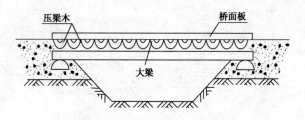

图 3-35　单孔平桥构造示意图

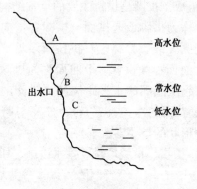

图 3-36　驳岸的水位关系

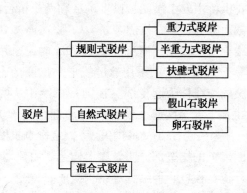

图 3-37　驳岸造型分类

　　a. 规则式驳岸是用块石、砖、混凝土砌筑的几何形式的岸壁，例如常见的重力式驳岸、半重力式驳岸、扶壁式驳岸等（图 3-38 和图 3-39）。规则式驳岸多属永久性的，要求较好的砌筑材料和较高的施工技术。其特点是简洁、规整，但是缺少变化。

　　b. 自然式驳岸是外观无固定形状或规格的岸坡处理，例如常用的假山石驳岸、卵石驳岸。这种驳岸自然堆砌，景观效果好。

　　c. 混合式驳岸是规则式与自然式驳岸相结合的驳岸造型（图 3-40）。一般为毛石岸墙，自然山石岸顶。混合式驳岸易于施工，

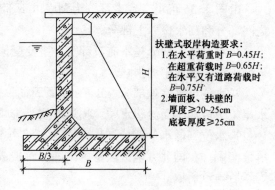

扶壁式驳岸构造要求：
1. 在水平荷重时 $B=0.45H$；
在超重荷载时 $B=0.65H$；
在水平又有道路荷载时
$B=0.75H$
2. 墙面板、扶壁的
厚度 ≥20~25cm
底板厚度 ≥25cm

图 3-38　扶壁式

116

具有一定装饰性，适用于地形许可并且有一定装饰要求的湖岸。

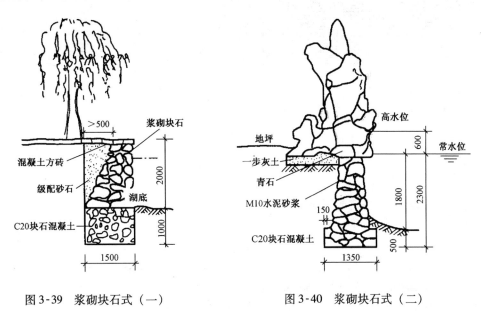

图 3-39　浆砌块石式（一）　　　　　　图 3-40　浆砌块石式（二）

②桩基类驳岸。桩基是我国古老的水工基础做法，在园林建设中得到广泛应用，至今仍是常用的一种水工地基处理手法。当地基表面为松土层且下层为坚实土层或基岩时最宜用桩基。

图 3-41 是桩基驳岸结构示意，它由桩基、卡挡石、盖桩石、混凝土基础、墙身和压顶等几部分组成。卡挡石是桩间填充的石块，起保持木桩稳定作用。盖桩石为桩顶浆砌的条石，作用是找平桩顶以便浇灌混凝土基础。基础以上部分与砌石类驳岸相同。

③竹篱驳岸、板墙驳岸。竹桩、板桩驳岸是另一种类型的桩基驳岸。驳岸打桩后，基础上部临水面墙身由竹篱（片）或板片镶嵌而成，适于临时性驳岸。竹篱驳岸造价低廉、取材容易，施工简单，工期短，能使用一定年限，凡盛产竹子，例如毛竹、大头竹、勤竹、撑篱竹的地方均可采用。施工时，竹桩、竹篱要涂上一层柏油，目的是防腐。竹桩顶端由竹节处截断以防雨水积聚，竹片镶嵌紧密牢固，如图 3-42 和图 3-43 所示。

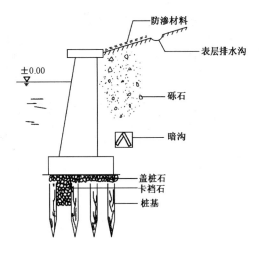

图 3-41　桩基驳岸结构示意图

由于竹篱缝很难做得密实，这种驳岸不耐风浪冲击、淘刷和游船撞击，岸土很容易被风浪淘刷，造成岸篱分开，最终失去护岸功能。所以，此类驳岸适用于风浪小，岸壁要求不高，土壤较黏的临时性护岸地段。

117

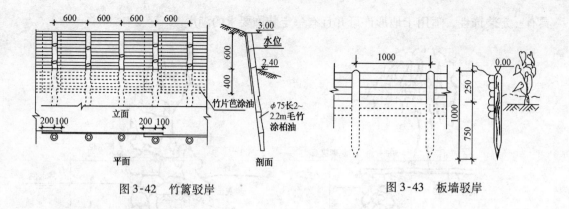

图 3-42　竹篱驳岸　　　　　　　　　　图 3-43　板墙驳岸

3. 园路、园桥的表现技法

（1）园路的表现技法

园路在园林中的主要作用是引导游览、组织景色和划分空间。园路的美主要体现在园路平竖线条的流畅自然和路面的色彩、质感和图案的精美和园路与所处环境的协调。园路按其性质和功能可分为主要园路、次要园路及游憩小路。

园林路面一般都会采用不同质地的材料进行图案装饰处理。设计师常会根据设计所采用的最典型的图案形式装饰画面。

1）园路的铺装与效果：

①花岗石文化石铺装的平面与效果表现（图 3-44）。

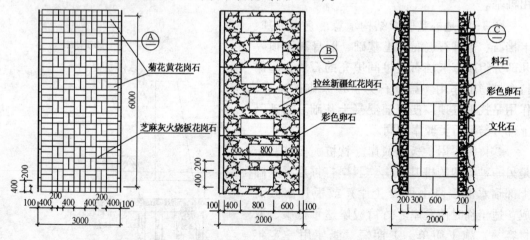

图 3-44　花岗石文化石面铺装平面

②常见的园路铺装图案与质感（图 3-45）。

2）园路平面表现：

①规划设计阶段。本阶段园路设计的主要任务是与地形、水体、植物、建筑物、铺装场地及其他设施合理结合，形成完整的风景构图；连续展示园林景观的空间或欣赏前方景物的透视线，并使园路的转折、衔接通顺，符合游人的行为规律即可。所以，规划设计阶段的园路的平面表示以图形为主，基本不涉及数据的标注，其表现如图 3-46 所示。

118

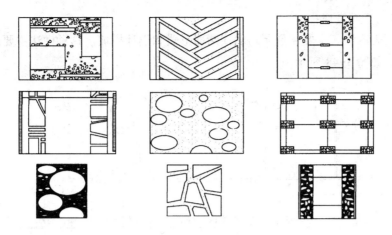

图 3-45　园路的图案与质感画法表现

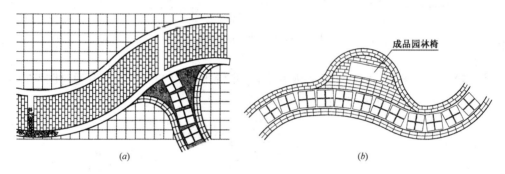

图 3-46　园路平面图的画法表现

（a）曲路相交表示方法；（b）曲路加宽表示方法

②施工设计阶段。本阶段园路的平面表现主要是路面的纹样设计，如图 3-47 所示。

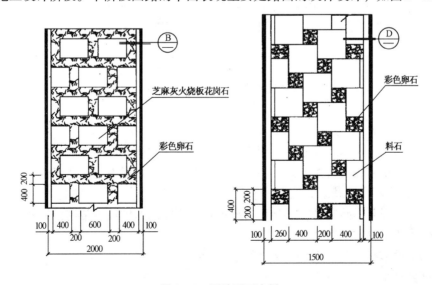

图 3-47　园路平面大样

3）园路的断面表现：

①横断面表示法。主要表现园路的横断面形式和设计横坡。这种做法主要应用在道路绿化设计中，如图3-48所示。

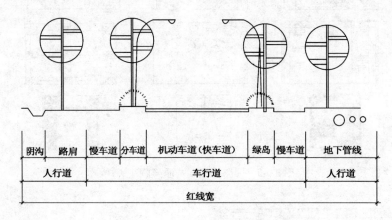

阴沟	路肩	慢车道	分车道	机动车道（快车道）	绿岛	慢车道	地下管线
人行道		车行道				人行道	
红线宽							

图3-48　园路标准横断面图画法表现

②园路结构断面表示法。主要表现园路各构造层的厚度与材料，通常通过图例和文字标注两部分表示，如图3-49所示。

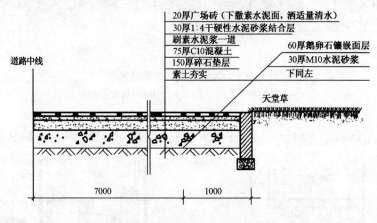

图3-49　园路铺装结构断面图画法表现（单位：mm）

（2）园桥的画法表现

中国园林离不开山水，有水则不能无桥。千变万化的桥能点缀水面景色，丰富园林景观。一般的园林中常用的桥主要是汀步和梁桥，有的大型景观中也使用亭桥。

1）汀步。汀步也叫跳桥，它是一种原始的过水形式。在园林中采用情趣化的汀步，能丰富视觉，加强艺术感染力。汀步以各种形式的石墩或木桩最为常用，此外还有仿生的莲叶或其他水生植物样的造型物。

汀步按平面形状可分为规则、自然及仿生三种形式。

①规则式汀步（图3-50）。

②自然式汀步（图3-51）。

120

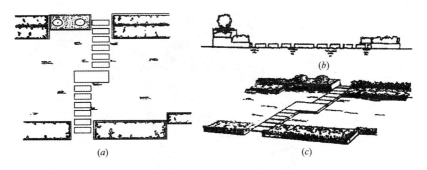

图3-50　规则式汀步的画法表现

（a）平面；（b）立面；（c）效果

③仿生式汀步（图3-52）。

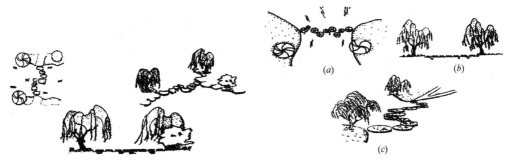

图3-51　自然式汀步

图3-52　仿生式汀步的画法表现

（a）平面；（b）立面；（c）效果

2）园桥。园桥通常适用于宽度不大的溪流，其造型丰富，主要有平桥、曲桥、拱桥之分。根据不同的风格设计使用不同的桥梁造型，在造园中可以取得不同的艺术效果。

①平桥。平桥的桥面平直，造型古朴、典雅。它适合于两岸等高的地形，可以获得最接近水面的观赏效果，如图3-53所示。

②曲桥。曲桥造型多种多样，桥面平坦但是曲折成趣，造型的感染力更为强大。曲桥为游人创造了更多的观赏角度，如图3-54所示。

③拱桥。拱桥的桥身最富于立体感，它中间高、两头低。游人过桥的路线是纵向的变化。拱桥的造型变化丰富，在园林中也可以借鉴普通交通桥梁中的拱桥造型，如图3-55所示。

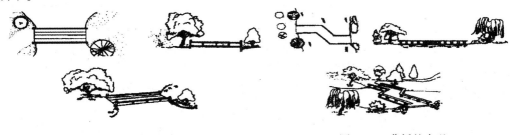

图3-53　平桥的表现　　　　　　　　　图3-54　曲桥的表现

图 3-55　拱桥的表现

3.2.2　园路、园桥工程清单工程量计算规则

1. 园路、园桥工程

园路、园桥工程工程量清单项目设置、项目特征描述的内容、计量单位及工程量计算规则，应按表3-37的规定执行。

2. 驳岸、护岸

驳岸、护岸工程量清单项目设置、项目特征描述的内容、计量单位及工程量计算规则，应按表3-38的规定执行。

园路、园桥工程（编码：050201）　　　　　　表 3-37

项目编码	项目名称	项目特征	计量单位	工程量计算规则	工程内容
050201001	园路	1. 路床土石类别 2. 垫层厚度、宽度、材料种类 3. 路面厚度、宽度、材料种类 4. 砂浆强度等级	m²	按设计图示尺寸以面积计算，不包括路牙	1. 路基、路床整理 2. 垫层铺筑 3. 路面铺筑 4. 路面养护
050201002	踏(蹬)道			按设计图示尺寸以水平投影面积计算，不包括路牙	
050201003	路牙铺设	1. 垫层厚度、材料种类 2. 路牙材料种类、规格 3. 砂浆强度等级	m	按设计图示尺寸以长度计算	1. 基层清理 2. 垫层铺设 3. 路牙铺设

项目编码	项目名称	项 目 特 征	计量单位	工程量计算规则	工 程 内 容
050201004	树池围牙、盖板（算子）	1. 围牙材料种类、规格 2. 铺设方式 3. 盖板材料种类、规格	1. m 2. 套	1. 以米计量，按设计图示尺寸以长度计算 2. 以套计量，按设计图示数量计算	1. 清理基层 2. 围牙、盖板运输 3. 围牙、盖板铺设
050201005	嵌草砖（格）铺装	1. 垫层厚度 2. 铺设方式 3. 嵌草砖（格）品种、规格、颜色 4. 漏空部分填土要求	m²	按设计图示尺寸以面积计算	1. 原土夯实 2. 垫层铺设 3. 铺砖 4. 填土
050201006	桥基础	1. 基础类型 2. 垫层及基础材料种类、规格 3. 砂浆强度等级	m³	按设计图示尺寸以体积计算	1. 垫层铺筑 2. 起重架搭、拆 3. 基础砌筑 4. 砌石
050201007	石桥墩、石桥台	1. 石料种类、规格 2. 勾缝要求 3. 砂浆强度等级、配合比	m³	按设计图示尺寸以体积计算	1. 石料加工 2. 起重架搭、拆 3. 墩、台、券石、脸砌筑 4. 勾缝
050201008	拱券石	1. 石料种类、规格 2. 券脸雕刻要求 3. 勾缝要求 4. 砂浆强度等级、配合比			
050201009	石券脸		m²	按设计图示尺寸以面积计算	
050201010	金刚墙砌筑		m³	按设计图示尺寸以体积计算	1. 石料加工 2. 起重架搭、拆 3. 砌石 4. 填土夯实
050201011	石桥面铺筑	1. 石料种类、规格 2. 找平层厚度、材料种类 3. 勾缝要求 4. 混凝土强度等级 5. 砂浆强度等级	m²	按设计图示尺寸以面积计算	1. 石材加工 2. 抹找平层 3. 起重架搭、拆 4. 桥面、桥面踏步铺设 5. 勾缝
050201012	石桥面檐板	1. 石料种类、规格 2. 勾缝要求 3. 砂浆强度等级、配合比	m²		1. 石材加工 2. 檐板铺设 3. 铁锔、银锭安装 4. 勾缝
050201013	石汀步（步石、飞石）	1. 石料种类、规格 2. 砂浆强度等级、配合比	m³	按设计图示尺寸以体积计算	1. 基层整理 2. 石材加工 3. 砂浆调运 4. 砌石

项目编码	项目名称	项 目 特 征	计量单位	工程量计算规则	工 程 内 容
050201014	木制步桥	1. 桥宽度 2. 桥长度 3. 木材种类 4. 各部位截面长度 5. 防护材料种类	m²	按桥面板设计图示尺寸以面积计算	1. 木桩加工 2. 打木桩基础 3. 木梁、木桥板、木桥栏杆、木扶手制作、安装 4. 连接铁件、螺栓安装 5. 刷防护材料
050201015	栈道	1. 栈道宽度 2. 支架材料种类 3. 面层木材种类 4. 防护材料种类	m²	按栈道面板设计图示尺寸以面积计算	1. 凿洞 2. 安装支架 3. 铺设面板 4. 刷防护材料

驳岸、护岸（编码：050202） 表3-38

项目编码	项目名称	项 目 特 征	计量单位	工程量计算规则	工 程 内 容
050202001	石（卵石）砌驳岸	1. 石料种类、规格 2. 驳岸截面、长度 3. 勾缝要求 4. 砂浆强度等级、配合比	1. m³ 2. t	1. 以立方米计量，按设计图示尺寸以体积计算 2. 以吨计量，按质量计算	1. 石料加工 2. 砌石（卵石） 3. 勾缝
050202002	原木桩驳岸	1. 木材种类 2. 桩直径 3. 桩单根长度 4. 防护材料种类	1. m 2. 根	1. 以米计量，按设计图示桩长（包括桩尖）计算 2. 以根计量，按设计图示数量计算	1. 木桩加工 2. 打木桩 3. 刷防护材料
050202003	满（散）铺砂卵石护岸（自然护岸）	1. 护岸平均宽度 2. 粗细砂比例 3. 卵石粒径	1. m² 2. t	1. 以平方米计量，按设计图示尺寸以护岸展开面积计算 2. 以吨计量，按卵石使用质量计算	1. 修边坡 2. 铺卵石
050202004	点（散）布大卵石	1. 大卵石粒径 2. 数量	1. 块（个） 2. t	1. 以块（个）计量，按设计图数量计算 2. 以吨计量，按卵石使用质量计算	1. 布石 2. 安砌 3. 成型
050202005	框格花木护坡	1. 展开宽度 2. 护坡材质 3. 框格种类与规格	m²	按设计图示尺寸展开宽度乘以长度以面积计算	1. 修边坡 2. 安放框格

3.2.3 园路、园桥工程清单相关问题及说明

1. 园路、园桥工程

（1）园路、园桥工程的挖土方、开凿石方、回填等应按现行国家标准《市政工程工程量计算规范》（GB 50857—2013）相关项目编码列项。

（2）如遇某些构配件使用钢筋混凝土或金属构件时，应按现行国家标准《房屋建筑与装饰工程工程计量计算规范》（GB 50854—2013）或《市政工程工程计量计算规范》（GB 50857—2013）相关项目编码列项。

（3）地伏石、石望柱、石栏杆、石栏板、扶手、撑鼓等应按现行国家标准《仿古建筑工程工程计量规范》（GB 50855—2013）相关项目编码列项。

（4）亲水（小）码头各分部分项项目按照园桥相应项目编码列项。

（5）台阶项目按现行国家标准《房屋建筑与装饰工程工程计量计算规范》（GB 50854—2013）相关项目编码列项。

（6）混合类构件园桥按现行国家标准《房屋建筑与装饰工程工程计量计算规范》（GB 50854—2013）或《通用安装工程工程计量计算规范》（GB 50856—2013）相关项目编码列项。

2. 驳岸、护岸

（1）驳岸工程的挖土方、开凿石方、回填等应按现行国家标准《房屋建筑与装饰工程工程计量计算规范》（GB 50854—2013）相关项目编码列项。

（2）木桩钎（梅花桩）按原木桩驳岸项目单独编码列项。

（3）钢筋混凝土仿木桩驳岸，其钢筋混凝土及表面装饰按现行国家标准《房屋建筑与装饰工程工程计量计算规范》（GB 50854—2013）相关项目编码列项，若表面"塑松皮"按国家标准《园林绿化工程工程量计算规范》（GB 50858—2013）附录 C 园林景观工程相关项目编码列项。

（4）框格花木护坡的铺草皮、撒草籽等应按"绿化工程"相关项目编码列项。

3.2.4 园路、园桥工程工程量计算公式

1. 基础模板工程量计算

独立基础模板工程量区别不同形状以图示尺寸计算，如阶梯形按各阶的侧面面积，锥形按侧面面积与锥形斜面面积之和计算。杯形、高杯形基础模板工程量，按基础各阶层的侧面表面积与杯口内壁侧面积之和计算，但杯口底面不计算模板面积。其计算方法可用计算式表示如下：

$$F_{总} = (F_1 + F_2 + F_3 + F_4)N \tag{3-5}$$

式中　$F_总$——杯形基础模板接触面面积（m^2）；

F_1——杯形基础底部模板接触面面积（m^2），$F_1 = (A + B) \times 2h_1$；

F_2——杯形基础上部模板接触面面积（m^2），$F_2 = (a_1 + b_1) \times 2(h - h_1 - h_3)$；

F_3——杯形基础中部棱台接触面面积（m^2），$F_3 = \frac{1}{3} \times (F_1 + F_2 + \sqrt{F_1 F_2})$；

F_4——杯形基础杯口内壁接触面面积（m^2），$F_4 = \overline{L}(h - h_2)$；

N——杯形基础数量（个）。

上述公式中字母符号含义如图3-56所示。

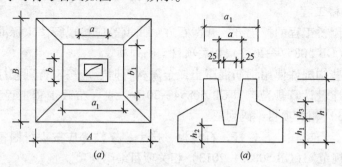

图3-56 杯形基础计算公式中字母含义图

(a) 平面图；(b) 剖面图

2. 砌筑砂浆配合比设计

园路桥工程根据需要的砂浆的强度等级进行配合比设计，设计步骤如下：

（1）计算砂浆试配强度 $f_{m,0}$。为使砂浆强度达到95%的强度保证率，满足设计强度等级的要求，砂浆的试配强度应按下式进行计算：

$$f_{m,0} = kf_2 \tag{3-6}$$

式中　$f_{m,0}$——砂浆的试配强度（MPa），应精确至0.1MPa；

　　　f_2——砂浆强度等级值（MPa），应精确至0.1MPa；

　　　k——系数，按表3-39取值。

砂浆强度标准差 σ 及 k 值　　　　　　表3-39

强度等级 施工水平	强度标准差 σ/MPa							k
	M5	M7.5	M10	M15	M20	M25	M30	
优良	1.00	1.50	2.00	3.00	4.00	5.00	6.00	1.15
一般	1.25	1.88	2.50	3.75	5.00	6.25	7.50	1.20
较差	1.50	2.25	3.00	4.50	6.00	7.50	9.00	1.25

（2）计算水泥用量（kg/m³）Q_C：

$$Q_c = 1000(f_{m,0} - \beta)/(\alpha \cdot f_{cr}) \tag{3-7}$$

式中　Q_c——每立方米砂浆的水泥用量（kg），应精确至1kg；

　　　f_{cr}——水泥的实测强度（MPa），应精确至0.1MPa；

　　　α、β——砂浆的特征系数，其中 α 取3.03，β 取 -15.09。

（3）石灰膏用量应按下式计算：

$$Q_D = Q_A - Q_c \tag{3-8}$$

式中　Q_D——每立方米砂浆的石灰膏用量（kg），应精确至1kg；石灰膏使用时的稠度宜为120mm±5mm；

Q_c——每立方米砂浆的水泥用量（kg），应精确至1kg；

Q_A——每立方米砂浆中水泥和石灰膏总量，应精确至1kg，可为350kg。

（4）每立方米砂浆中的砂用量，应按干燥状态（含水率小于0.5%）的堆积密度值作为计算值（kg）。

（5）选定用水量。用水量的选定要符合砂浆稠度的要求，施工中可以根据操作者的手感经验或按表3-40中确定。

砌筑砂浆用水量 表3-40

砂浆品种	水泥砂浆	混合砂浆
用水量（kg/m³）	270～330	260～300

注：1. 混合砂浆用水量，不含石灰膏或黏土膏中的水分。

2. 当采用细砂或粗砂时，用水量分别取上限或下限。

3. 稠度小于70mm时，用水量可小于下限。

4. 当施工现场炎热或在干燥季节，可适当增加用水量。

（6）砂浆试配与配合比的确定。砌筑砂浆配合比的试配和调整方法基本与普通混凝土相同。

3.2.5 园路、园桥工程清单工程量计算实例

【例3-12】某商场外停车场为砌块嵌草路面（图3-57），长600m，宽400m，120mm厚混凝土空心砖，40mm厚粗砂垫层，200mm厚碎石垫层，素土夯实。路面边缘设置路牙，挖槽沟深180mm，用3:7灰土垫层，厚度为160mm，路牙高160mm，宽100mm，试求其清单工程量。（停车场为混凝土砌块嵌草铺装，使得路面特别是在边缘部分容易发生歪斜、散落。所以，设置路牙可以对路面起保护作用）。

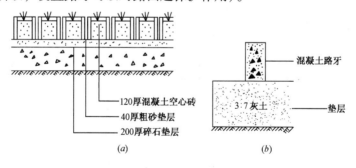

图3-57 某停车场路面图

（a）停车场剖面图；（b）停车场路牙剖面图

【解】

清单工程量计算表见表3-41，分部分项工程和单价措施项目清单与计价表见表3-42。

【例3-13】有一拱桥，采用花岗石制作安装拱券石，石券脸的制作、安装采用青白石，桥洞底板为钢筋混凝土处理，桥基细石安装用金刚墙青白石，厚20cm，具体拱桥的构造如图3-58所示。试求其清单工程量。

工程名称：

序号	清单项目编码	清单项目名称	计 算 式	工程量合计	计量单位
1	050201001001	园 路	$S = 长 \times 宽 = 600 \times 400$	240000	m²
2	050201005001	嵌草砖（格）铺装	$S = 长 \times 宽 = 600 \times 400$	240000	m²
3	050201003001	路牙铺设	按设计图示尺寸以长度计算	600	m

分部分项工程和单价措施项目清单与计价表　　　表3-42

工程名称：

序号	项目编码	项目名称	项目特征描述	计量单位	工程量	金额/元	
						综合单价	合价
1	050201001001	园 路	120mm 厚混凝土空心砖，40mm 厚粗砂垫层，200mm 厚碎石垫层，素土夯实	m²	240000		
2	050201005001	嵌草砖（格）铺装	40mm 厚粗砂垫层，200mm 厚碎石垫层，混凝土空心砖	m²	240000		
3	050201003001	路牙铺设	160mm 厚 3:7 灰土垫层厚，路牙高 160mm，宽 100mm	m	600		

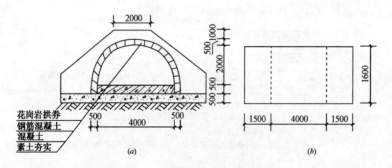

图3-58　拱桥构造示意图

(a) 剖面图；(b) 平面图

【解】

清单工程量计算表见表3-43，分部分项工程和单价措施项目清单与计价表见表3-44。

【例3-14】某处有一个石桥，有6个桥墩，如图3-59所示，试求其清单工程量。

清单工程量计算表见表3-45，分部分项工程和单价措施项目清单与计价表见表3-46。

【例3-15】某园林内人工湖为原木桩驳岸，假山占地面积为150m²，木桩为柏木桩，桩高 1.8m，直径为 13cm，共 5 排，两桩之间距离为 20cm，打木桩时挖圆形地坑，地坑深 1m，半径为 8cm，试求其清单工程量（图 3-60）。

清单工程量计算表   表 3-43

工程名称：

序号	清单项目编码	清单项目名称	计　算　式	工程量合计	计量单位
1	050201006001	桥基础	$7 \times 1.6 \times 0.5$	5.60	m³
2	050201008001	拱券石	$\frac{1}{2} \times 3.14 \times (2.5^2 - 2.0^2) \times 1.6$	5.65	m³
3	050201009001	石券脸	$\frac{1}{2} \times 3.14 \times (2.5^2 - 2.0^2) \times 2$	7.07	m³
4	050201010001	金刚墙砌筑	$7 \times 1.6 \times 0.2$	2.24	m³

分部分项工程和单价措施项目清单与计价表   表 3-44

工程名称：

序号	项目编码	项目名称	项目特征描述	计量单位	工程量	金额/元	
						综合单价	合价
1	050201006001	桥基础	混凝土石桥基础青白石	m³	5.60		
2	050201008001	拱券石	混凝土石桥基础青白石	m³	5.65		
3	050201009001	石券脸	青白石	m³	7.07		
4	050201010001	金刚墙砌筑	青白石	m³	2.24		

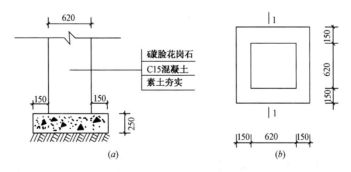

图 3-59　石桥基础示意图

（a）1—1 剖面图；（b）平面图

【解】

清单工程量计算表见表 3-47，分部分项工程和单价措施项目清单与计价表见表 3-48。

清单工程量计算表 表 3-45

工程名称：

序号	清单项目编码	清单项目名称	计 算 式	工程量合计	计量单位
1	050201006001	桥基础	$V =$ 长 × 宽 × C15 混凝土基础的厚度 × 数量 = $(0.15 + 0.15 + 0.62) \times (0.15 + 0.15 + 0.62) \times 0.25 \times 6$	1.27	m³

分部分项工程和单价措施项目清单与计价表 表 3-46

工程名称：

序号	项目编码	项目名称	项目特征描述	计量单位	工程量	金额/元	
						综合单价	合价
1	050201006001	桥基础	石桥基础	m³	1.27		

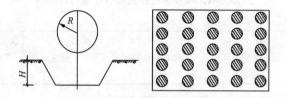

图 3-60　原木桩驳岸平面示意图

清单工程量计算表 表 3-47

工程名称：

序号	清单项目编码	清单项目名称	计 算 式	工程量合计	计量单位
1	050202002001	原木桩驳岸	$L =$ 1 根木桩的长度 × 根数 = 1.8 × 25	45	m

分部分项工程和单价措施项目清单与计价表 表 3-48

工程名称：

序号	项目编码	项目名称	项目特征描述	计量单位	工程量	金额/元	
						综合单价	合价
1	050202002001	原木桩驳岸	柏木桩，桩高 1.8m，直径 13cm，共 5 排	m	45		

【例 3-16】某河流堤岸为散铺卵石护岸（图 3-61），护岸长 150m，平均宽 18m，护岸表面铺卵石，70mm 厚混凝土栽卵石，卵石层下为 45mm 厚 M2.5 混合砂浆，200mm 厚碎砖三合土，80mm 厚粗砂垫层，素土夯实，试求其清单工程量。

130

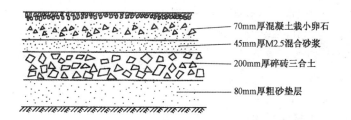

图 3-61　护岸剖面图

【解】

清单工程量计算表见表3-49，分部分项工程和单价措施项目清单与计价表见表3-50。

清单工程量计算表　　　　　　　　　　　　　　　　　　表3-49

工程名称：

序号	清单项目编码	清单项目名称	计 算 式	工程量合计	计量单位
1	050202003001	满（散）铺砂卵石护岸（自然护岸）	$S=$ 长 × 护岸平均宽 $=150 \times 18$	2700	m²

分部分项工程和单价措施项目清单与计价表　　　　　　　表3-50

工程名称：

序号	项目编码	项目名称	项目特征描述	计量单位	工程量	金额/元	
						综合单价	合价
1	050202003001	满（散）铺砂卵石护岸（自然护岸）	平均宽度18m	m²	2700		

【例3-17】 某公园步行木桥，桥面总长为6m、宽为1.5m，桥板厚度为25mm，满铺平口对缝，采用木桩基础；原木梢径 $\phi80$、长5m，共16根；横梁原木梢径 $\phi80$、长1.8m，共9根；纵梁原木梢径 $\phi100$、长5.6m，共5根。栏杆、栏杆柱、扶手、扫地杆、斜撑采用枋木80mm×80mm（刨光），栏杆高900mm。全部采用杉木。试计算工程量。

【解】

（1）业主计算

业主根据施工图计算步行木桥工程量为：

$S=6 \times 1.5=9.00 \text{m}^2$。

（2）投标人计算

1）原木桩工程量（查原木材积表）为 0.64m^3。

①人工费：25元/工日×5.12工日=128元

②材料费：原木800元/m³×0.64m³=512元

③合计：640.00元。

2）原木横、纵梁工程量（查原木材积表）为 0.472m^3。

①人工费：25元/工日×3.42工日=85.44元

②材料费：原木 800 元/m³×0.472m³=377.60 元

扒钉 3.2 元/kg×15.5kg=49.60 元

小计：427.20 元

③合计：512.64 元。

3）桥板工程量 3.142m³。

①人工费：25 元/工日×22.94 工日=573.44 元

②材料费：板材 1200 元/m³×3.142m³=3770.4 元

铁钉 2.5 元/kg×21kg=52.5 元

小计：3822.90 元

③合计：4396.34 元。

4）栏杆、扶手、扫地杆、斜撑工程量 0.24m³。

①人工费：25 元/工日×3.08 工日=77.12 元

②材料费：板材 1200 元/m³×0.24m³=288.00 元

铁材：3.2 元/kg×6.4kg=20.48 元

小计：308.48 元

③合计：385.60 元。

5）综合。

①直接费用合计：5934.58 元

②管理费：直接费×25%=5934.58 元×25%=1483.65 元

③利润：直接费×8%=5934.58 元×8%=474.77 元

④总计：7893.09 元

⑤综合单价：877.01 元。

分部分项工程量清单与计价表、工程量清单综合单价分析表见表 3-51、表 3-52。

分部分项工程量清单与计价表　　　　表 3-51

工程名称：某公园步行木桥施工工程　　　　标段：　　　　第 页 共 页

序号	项目编号	项目名称	项目特征描述	计量单位	工程数量	综合单价	合价	其中暂估价
1	050201014001	木制步桥	桥面长 6m、宽 1.5m、桥板厚 0.025m；原木桩基础、梢径 φ80、长 5m、16 根；原木横梁，梢径 φ80、长 1.8m、9 根；原木纵梁，梢径 φ100、长 5.6m、5 根；栏杆、扶手、扫地杆、斜撑枋木 80mm×80mm（刨光），栏高 900mm；全部采用杉木	m²	9	877.01	7893.09	
			合　　计				7893.09	

132

工程名称：某公园步行木桥施工工程				标段：				第 页 共 页			
项目编码	0509201014001		项目名称		木制步桥	计量单位		m²	工程量		9

综合单价组成明细

定额编号	定额名称	定额单位	数量	单价/元				合价/元			
				人工费	材料费	机械费	管理费和利润	人工费	材料费	机械费	管理费和利润
—	原木桩基础	m³	0.071	128	800	—	306.24	9.09	56.8	—	21.74
—	原木梁	m³	0.052	85.44	800	—	292.20	4.44	41.6	—	15.19
—	桥 板	m³	0.369	57.34	1200	—	414.92	21.16	442.8	—	153.11
—	栏杆、扶手、斜撑	m³	0.027	77.12	1200	—	421.45	2.08	32.4	—	11.38
人工单价			小　　计					36.77	573.6	—	201.42
25 元/工日			未计价材料费					65.23			
清单项目综合单价								877.02			

材料费明细	名称、规格、型号				单位	数量	单价/元	合价/元	暂估单价/元	暂估合价/元
	扒 钉				kg	1.72	3.2	5.5		
	铁 钉				kg	2.33	2.5	5.83		
	铁 材				kg	0.71	3.2	2.27		
	其他材料费						—	51.63		
	材料费小计						—	13.6		

3.3　园林景观工程清单计价工程量计算

3.3.1　园林景观工程施工图表现技法

1. 园林景观工程常用识图图例

（1）山石工程图例

山石工程图例见表 3-53。

山 石 表 3-53

序号	名称	图例	说明
1	自然山石假山		—
2	人工塑石假山		—
3	土石假山		包括土包石、石包土及土假山
4	独立景石		由形态奇特、色彩美观的天然块石，如湖石、黄蜡石独置而成的石景

（2）水体工程图例

水体工程图例见表3-54。

水 体 表 3-54

序号	名称	图例	说明
1	自然形水体		岸线是自然形的水体
2	规则形水体		岸线呈规则形的水体
3	跌水瀑布		
4	旱涧		旱季一般无水或断续有水的山涧
5	溪涧		指山间两岸多石滩的小溪

（3）水池、花架及小品工程图例

水池、花架及小品工程图例见表3-55。

水池、花架及小品工程图例 表 3-55

序号	名 称	图 例	说 明
1	雕 塑		
2	花 台		仅表示位置。不表示具体形态，以下同，也可依据设计形态表示
3	坐 凳		
4	花 架		

134

序号	名 称	图 例	说 明
5	围 墙	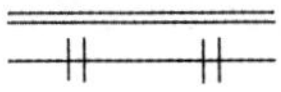	上图为实砌或漏空围墙 下图为栅栏或篱笆围墙
6	栏 杆	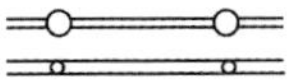	上图为非金属栏杆 下图为金属栏杆
7	园 灯		—
8	饮水台		—
9	指示牌		—

（4）喷泉工程图例

喷泉工程图例见表3-56。

喷泉工程图例　　　　　　　　　　表3-56

序号	名 称	图 例	说 明
1	喷 泉	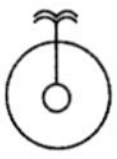	仅表示位置，不表示具体形态
2	阀 门（通用）、截止阀	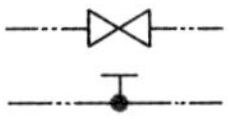	 1. 没有说明时，表示螺纹连接法兰连接时—▷◁—  焊接时—▶◀—  
3	闸 阀		2. 轴测图画法： 阀杆为垂直 阀杆为水平
4	手动调节阀		
5	球阀、转心阀		—
6	蝶 阀	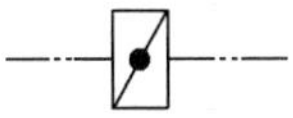	—
7	角 阀	 —●─┤ 或	—
8	平衡阀		—
9	三通阀	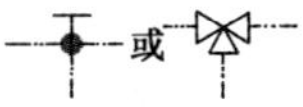 —●— 或	—
10	四通阀	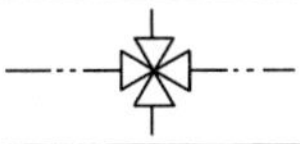	—
11	节流阀		—
12	膨胀阀	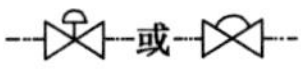 —▷◁— 或 —▷◁—	也称"隔膜阀"

序号	名 称	图 例	说 明
13	旋 塞		—
14	快放阀		也称"快速排污阀"
15	止回阀		左、中为通用画法，流法均由空白三角形至非空白三角形；中也代表升降式止回阀；右代表旋启式止回阀
16	减压阀	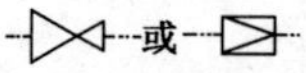 或	左图小三角为高压端，右图右侧为高压端。其余同阀门类推
17	安全阀		左图为通用，中为弹簧安全阀，右为重锤安全阀
18	疏水阀	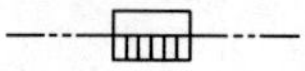	在不致引起误解时，也可用  表示，也称"疏水器"
19	浮球阀	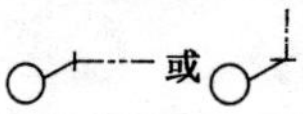 或	—
20	集气罐、排气装置	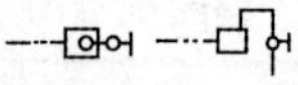	左图为平面图
21	自动排气阀		
22	除污器（过滤器）	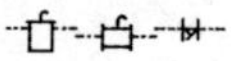	左为立式除污器，中为卧式除污器，右为Y型过滤器
23	节流孔板、减压孔板	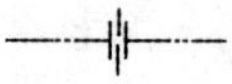	在不致引起误解时，也可用 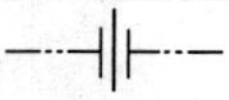 表示
24	补偿器（通用）		也称"伸缩器"
25	矩形补偿器		—
26	套管补偿器		—
27	波纹管补偿器	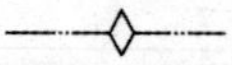	—
28	弧形补偿器		—
29	球形补偿器	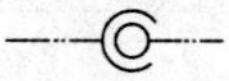	—
30	变径管异径管		左图为同心异径管，右图为偏心异径管
31	活接头	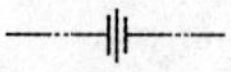	—
32	法 兰	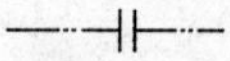	—
33	法兰盖		—
34	丝 堵		也可表示为：
35	可曲挠橡胶软接头	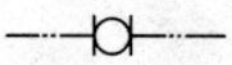	—
36	金属软管		也可表示为： 

序号	名 称	图 例	说 明
37	绝热管		—
38	保护套管		—
39	伴热管		—
40	固定支架		—
41	介质流向	→ 或 ⇨	在管道断开处时，流向符号宜标注在管道中心线上，其余可同管径标注位置
42	坡度及坡向	$i=0.003$ 或 $i=0.003$	坡度数值不宜与管道起、止点标高同时标注。标注位置同管径标注位置
43	套管伸缩器		—
44	方形伸缩器		—
45	刚性防水套管		—
46	柔性防水套管		—
47	波纹管		—
48	可曲挠橡胶接头		—
49	管道固定支架		—
50	管道滑动支架		—
51	立管检查口		—
52	水 泵	平面 系统	—
53	潜水泵		—
54	定量泵		—
55	管道泵		—
56	清扫口	平面 系统	—
57	通气帽	成品 铅丝球	—
58	雨水斗	YD- YD- 平面 系统	—
59	排水漏斗	平面 系统	—
60	圆形地漏		通用。如为无水封，地漏应加存水弯

序号	名称	图例	说明
61	方形地漏		—
62	自动冲洗水箱		—
63	挡墩		—
64	减压孔板		—
65	除垢器		—
66	水锤消除器		—
67	浮球液位器		—
68	搅拌器		

2. 园林景观的构造及示意图

（1）假山

常见假山的材料见表 3-57 和图 3-62 所示。

常见假山的材料　　　　　　　　　　　　　　　表 3-57

山石种类		产地	特征	园林用途
湖石	太湖石	江苏太湖中	质坚石脆，纹理纵横，脉络显隐，沟、缝、穴、洞遍布，色彩较多，为石中精品	掇山、特置
	房山石	北京房山	石灰暗，新石红黄，日久变灰黑色、质韧，也有太湖石的一些特征	掇山、特置
	黄石	广东英德市	质坚石脆，淡青灰色，扣之有声	岭南一带掇山及几案品石
	灵璧石	安徽灵璧县	灰色清润，石面坳坎变化，石形千变万化	山石小品，及盆品石之王
	宣石	宁国市	有积雪般的外貌	散置、群置
黄石		产地较多，常熟、常州、苏州等地皆产	体形顽劣，见棱见角，节理面近乎垂直，雄浑，沉实	掇山、置石
青石		北京西郊洪山	多呈片状，有交叉互织的斜纹理	掇山、筑岸
石笋	白果笋	产地较多	外形修长，形如竹笋	常作独立小景
	乌炭笋			
	慧剑			
	钟乳石			
其他类型		各地	随石类不同而不同	掇山、置石

138

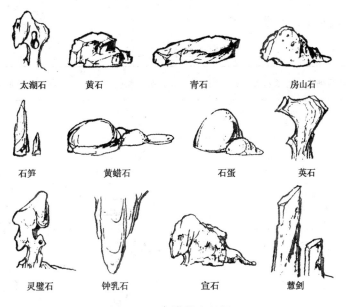

太湖石	黄石	青石	房山石
石笋	黄蜡石	石蛋	英石
灵璧石	钟乳石	宣石	慧剑

图 3-62　各类假山材料

假山的造型变化万千，一般经过选石、采运、相石、立基、拉底、堆叠中层和结顶等工序叠砌而成。其基本结构与建造房屋有共通之处，可分为以下三大部分：

1）基础。假山的基础如同房屋的根基，是承重的结构。因此，无论是承载能力，还是平面轮廓的设计都非常重要。基础的承载能力是由地基的深浅、用材、施工等方面决定的。地基的土壤种类不同，承载能力也不同。岩石类，$50 \sim 400t/m^2$；碎石土，$20 \sim 30t/m^2$；砂土类，$10 \sim 40t/m^2$；黏性土，$8 \sim 30t/m^2$；杂质土承载力不均匀，必须回填好土。根据假山的高度，确定基础的深浅，由设计的山势、山体分布位置等确定基础的大小轮廓。假山的重心不能超出基础之处，重心偏离铅垂线，稍超越基础，山体倾斜时间长了，就会倒塌。

2）中层。假山的中层指底石之上、顶层以下的部分，这部分体量大，占据了假山相当一部分高度，是人们最容易看到的地方。

3）顶层。最顶层的山石部分。外观上，顶层起着画龙点睛的作用，一般有峰、峦和平顶三种类型。

① 峰：分剑立式，上小下大，有竖直而挺拔高耸之感；斧立式上大下小，如斧头倒立，稳重中存在险意；斜壁式，上小下大，斜插如削，势如山岩倾斜，有明显动势。

② 峦：山头比较圆缓的一种形式，柔美的特征比较突出。

③ 平顶：山顶平坦如盖，或如卷云、流云。这种假山整体上大下小，横向挑出，如青云横空，高低参差。

（2）亭

亭的体形小巧，造型多样。亭的柱身部分，大多开敞、通透，置身其间有良好的视野，便于眺望、观赏。柱间下部分常设半墙、坐凳或鹅颈椅，供游人坐憩。亭的上半部分长悬纤细精巧的挂落，用以装饰。亭的占地面积小，最适合于点缀园林风景，也容易与园林中各种复杂的地形、地貌相结合，与环境融于一体。

亭的各种形式类型，见表 3-58。

亭的各种形式类型 表 3-58

名称	平面基本形式示意	立面基本形式示意	平面立面组合形式示意
三角亭			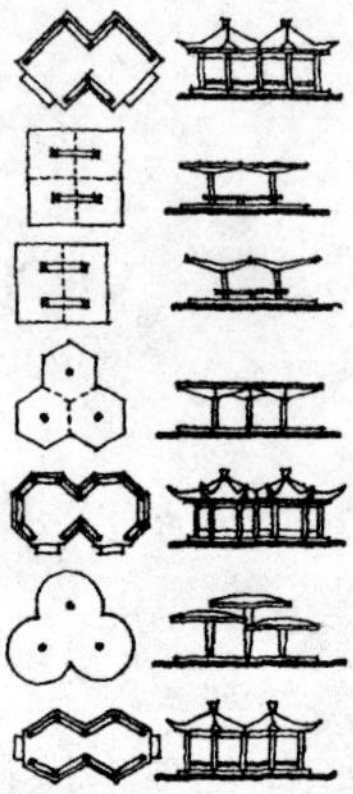
方 亭	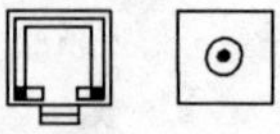		
长方亭	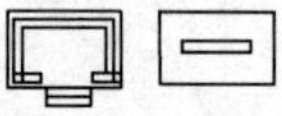		
六角亭	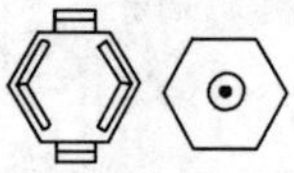		
八角亭			
园 亭	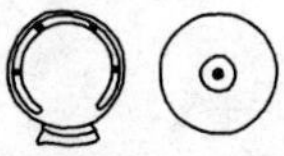		
扇形亭			
双层亭	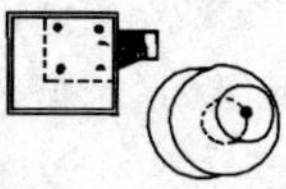		

（3）廊

廊又称游廊，是起交通联系、连接景点的一种狭长的棚式建筑，它可长可短，可直可曲，随形而弯。园林中的廊是亭的延伸，是联系风景点建筑的纽带，随山就势，逶迤蜿蜒，曲折迂回。廊既能引导视角多变的导游交通路线，又可划分景区空间，丰富空间层次，增加景深，是中国园林建筑群体中的重要组成部分。

廊的基本形式见表 3-59。

廊的基本形式 表 3-59

	双面空廊	暖 廊	复 廊	单支柱廊
按廊的横剖面形式划分				
	单面空廊		双层廊	
	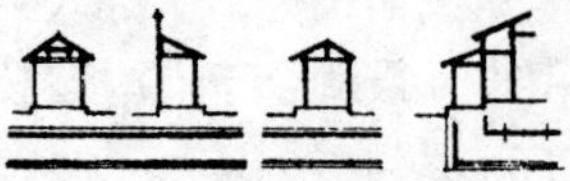		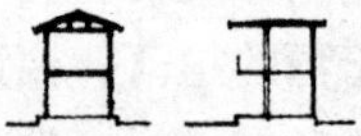	

140

	直 廊	曲 廊	抄手廊	回 廊	
按廊的整体造型划分					
	爬山廊	叠落廊		桥 廊	水 廊

（4）喷泉

1）普通装饰性喷泉是由各种普通的水花图案组成的固定喷水型喷泉。其构造如图3-63（a）所示。

2）与雕塑结合的喷泉。喷泉的各种喷水花型与雕塑、水盘、观赏柱等共同组成景观。其构造如图3-63（b）所示。

3）水雕喷泉。用人工或机械塑造出各种抽象的或具象的喷水水形，其水形呈某种艺术性"形体"的造型。其构造如图3-63（c）所示。

4）自控喷泉。是利用各种电子技术，按设计程序来控制水、光、音、色的变化，从而形成变幻多姿的奇异水景。其构造如图3-63（d）所示。

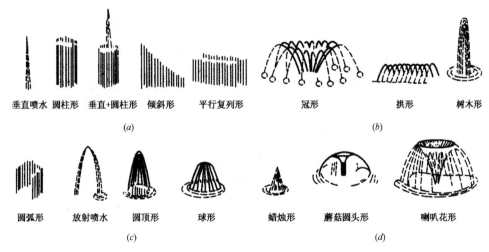

垂直喷水　圆柱形　垂直+圆柱形　倾斜形　平行复列形　　冠形　　　　拱形　　树木形

(a)　　　　　　　　　　　　　　　　　　　　　　　　　　　　　(b)

圆弧形　放射喷水　圆顶形　球形　蜡烛形　蘑菇圆头形　喇叭花形

(c)　　　　　　　　　　　　　　　　　　(d)

图3-63　常见水姿形态示例

（a）普通装饰性喷泉；（b）与雕塑结合的喷泉

（c）艺术性"形体"喷泉；（d）自控喷泉

3. 园林景观的画法表现

（1）山石的画法表现

在表现园林山石景观时，主要采用传统绘画的方式。来自于绘画的表现方法是非常丰富的，尤其在山石方面，技法更加丰富。山石的质感十分丰富，根据其机理和发育方向，在描绘平面、立面和效果表现都用不同的线条组织方法来表现。

描绘顽石，或者以顽石为主的山体，通常采用调子描绘法。根据山势的结构变化和受光关系，采用相应的调子加以表达，形成丰富的调子，对比表达其结构变化。该方法完全采用素描的方式，表现力充分，感染力强。顽石的丰富变化在经过调子的表现以后，质感和体量感都十分强烈。

1）山石平面画法。平、立面图中的石块通常只用线条勾勒轮廓即可，很少采用光线、质感的表现方法，以免失之零乱。用线条勾勒时，轮廓线要粗，石块面、纹理可用较细较浅的线条稍加勾绘，以体现石块的体积感。不同的石块，其纹理不同，有的圆浑、有的棱角分明，在表现时应采用不同的笔触和线条，如图3-64所示。

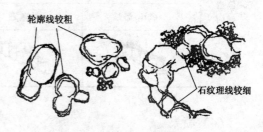

图3-64　山石平面画法表现

2）山石的立面表现。其立面图的表现方法与平面图基本一致。轮廓线要粗，石块面、纹理可用较细较浅的线条稍加勾绘，以体现石块的体积感。不同的石块应采用不同的笔触和线条表现其纹理，如图3-65所示。

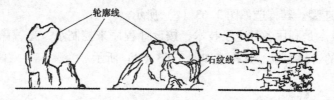

图3-65　山石的立面画法表现

3）山石的剖面画法。剖面上的石块，轮廓线应用剖断线，石块剖面上还可加上斜纹线，如图3-66所示。

图3-66　山石的剖面画法

4）山石小品和假山的画法。山石小品和假山是以一定数量的大小不等、形体各异的山石作群体布置造型，并与周围的景物（建筑、水景、植物等）相协调，形成生动自然的石景。其平面画法同置石相似，立面画法示例，如图3-67所示。

作山石小品和假山的透视图时，应特别注意刻画山石表面的纹理和因凹凸不平而形成的阴影，如图3-68所示。

（2）亭的画法表现

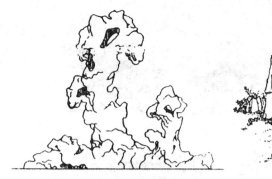

图 3-67　山石小品的立面表现　　　　　　图 3-68　假山的透视表现

亭的造型极为多样，从平面形状可分为圆形、方形、三角形、六角形、八角形、扇面形、长方形等。亭的平面画法十分简单，但是其立面和透视画法则非常复杂（图 3-69）。

亭的形状不同，其用法和造景功能也不尽相同。三角亭以简洁、秀丽的造型深受设计师的喜爱。在平面规整的图面上，三角亭可以分解视线、活跃画面（图 3-70），而各种方亭、长方亭则在与其他建筑小品的结合上有不可替代的作用。图 3-71 所示是各类亭子的表现例图。

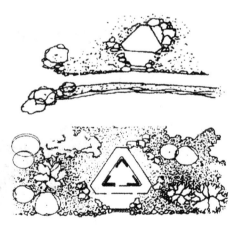

图 3-69　亭子的平面及透视画法表现　　　　图 3-70　三角亭的平面画法表现

（3）廊的画法表现

1）苏州沧浪亭中复廊的平面画法，如图 3-72 所示。

2）长沙橘子洲公园河亭廊的画法表现，如图 3-73 所示。

（4）花架的画法表现

花架不仅是供攀缘植物攀爬的棚架，还是人们休息、乘凉、坐赏周围风景的场所。它造型灵活、富于变化，具有亭廊的作用。作长线布置时，它能发挥建筑空间的脉络作用，形成导游路线，也可用来划分空间，增加风景的深度；做点状布置时，它可自成景点，形成观赏点。

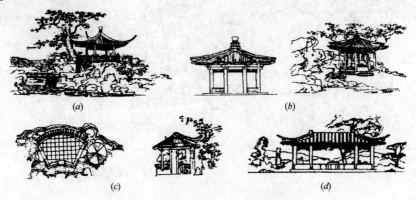

图3-71　各类亭子的画法表现
(a) 方亭；(b) 八角亭；(c) 扇形亭；(d) 长方亭

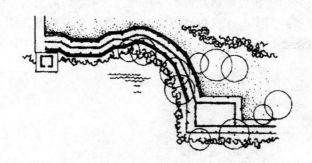

图3-72　苏州沧浪亭复廊的平面画法表现

图3-73　长沙橘子洲公园河亭廊的画法表现

144

花架的形式多种多样，几种常见的花架形式以及其平面、立面及效果图的表现如下所述。

1）单片花架的立面、透视效果表现（图3-74）。

2）直廊式花架的立面、剖面、透视效果表现（图3-75）。

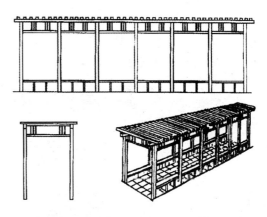

图3-74　单片花架的立面及
透视画法表现

图3-75　直廊式花架的立面、剖面及
透视效果表现

3）单柱V形花架的效果表现（图3-76）。

4）弧顶直廊式花架的立面与效果（图3-77）。

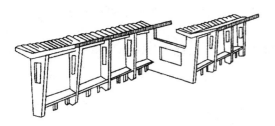

图3-76　单柱V形花架的效果表现

图3-77　弧顶直廊式花架的立面与效果

5）环形廊式花架的平面与效果（图3-78）。

6）组合式花架效果（图3-79）。

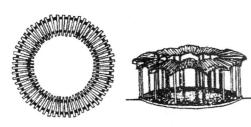

图3-78　环形廊式花架的平面与效果

图3-79　组合式花架效果

（5）园椅、园凳、园桌的画法表现

1）园椅。园椅的形式可分为直线和曲线两种。

园椅因其体量较小，结构简单。一致规律的园椅透视图表现和环境相得益彰，如图3-80、图3-81所示。

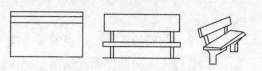

图3-80 园椅的平面、立面、透视画法表现

图3-81 园椅的各种造型表现

2）园凳。园凳的平面形状通常有圆形、方形、条形和多边形等，圆形、方形常与园桌相匹配，而后两种同园椅一样单独设置。

3）园桌。园桌的平面形状一般有方形和圆形两种，在其周围并配有四个平面形状相似的园凳。图3-82所示为方形园桌、凳的立面表现，图3-83所示为圆形园桌、凳的平、立面及透视表现。

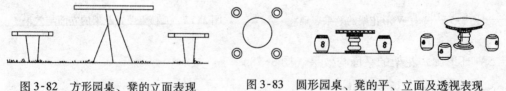

图3-82 方形园桌、凳的立面表现　　　　图3-83 圆形园桌、凳的平、立面及透视表现

（6）水景的画法表现

1）水面的画法表现：

① 静态水面。为表达静态水，常用拉长的平行线画水，这些水平线在透视上是近水粗而疏、远水变得细而密，平行线可以断续并留以空白表示受光部分，如图3-84所示。

在平面图上表示水池，最常用的方法是用粗线画水池轮廓，池内画2～3条随水池轮廓的细线（似池底等高线），细线间距不等，线条流畅自然，如图3-84所示。

② 动态水面。动水常用网巾线表示，运笔时有规则的扭曲，形成网状。也可用波形

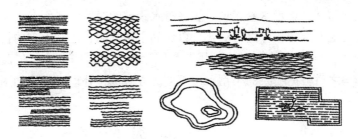

图3-84 水的画法

短线条来表示动水面。

2）流水的画法表现。和静水相同，流水描绘的时候也要注意对彼岸景物的表达，只是在表达流水的时候，设计师需要根据水波的离析和流向产生的对景物投影的分割和颠簸来描绘水的动感。与此同时，还应加强对水面的附着物体的描绘。图3-85所示为流水与石的表现。

图3-85 流水与石的表现

3）落水的画法表现。落水是园林景观中动水的主要造景形式之一，水流根据地形自高而低，在悬殊的地形中形成落水。落水的表现主要以表现地形之间的差异为主，形成不同层面的效果，如图3-86所示。

图3-86 落水的画法表现

落水景观经常和其他景观紧密相连。表现落水景观的时候，我们对主要表达对象要进行强化，对环境其他的景物相应进行弱化，以做到主次分明，达到表现的目的。

4）喷泉的画法。喷泉是在园林中应用非常广泛的一种园林小品，在表现时要对其景观特征作充分理解之后根据喷泉的类型采用不同的方法进行处理。具体如图3-87所示。

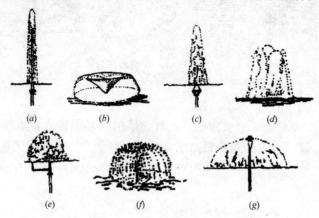

图3-87　几种喷泉的画法表现

（a）直立形；（b）；牵牛花形；（c）鼓泡形；（d）组合形；
（e）树冰形；（f）合钵形；（g）伞形

一般来说，在表现喷泉时我们要注意水景交融。对于水压较大的喷射式喷泉，我们要注意描绘水柱的抛物线，强化其轨迹。对于缓流式喷泉，其轮廓结构是描绘的重点。采用墨线条进行的描绘应该注意以下几点：

① 水流线的描绘应该有力而流畅，表达水流在空中划过的形象。

② 水景的描绘应该努力强调泉水的形象，增强空间立体感觉，使用的线条也应该光滑，但是也要根据泉水的形象使用虚实相间的线条，以表达丰富的轮廓变化。

③ 泉水景观和其他水景共同存在时，应注意相互间的避让关系，以增强表现效果。

④ 水流的表现宜借助于背景效果加以渲染，这样可以增强喷泉的透明感。

3.3.2　园林景观工程清单工程量计算规则

1. 堆塑假山

堆塑假山工程量清单项目设置、项目特征描述的内容、计量单位及工程量计算规则，应按表3-60的规定执行。

堆塑假山（编码：050301）　　　　　　　　　　　　表3-60

项目编码	项目名称	项目特征	计量单位	工程量计算规则	工程内容
050301001	堆筑土山丘	1. 土丘高度 2. 土丘坡度要求 3. 土丘底外接矩形面积	m³	按设计图示山丘水平投影外接矩形面积乘以高度的1/3以体积计算	1. 取土、运土 2. 堆砌、夯实 3. 修整

148

项目编码	项目名称	项目特征	计量单位	工程量计算规则	工程内容
050301002	堆砌石假山	1. 堆砌高度 2. 石料种类、单块重量 3. 混凝土强度等级 4. 砂浆强度等级、配合比	t	按设计图示尺寸以质量计算	1. 选料 2. 起重吊搭、拆 3. 堆砌、修整
050301003	塑假山	1. 假山高度 2. 骨架材料种类、规格 3. 山皮料种类 4. 混凝土强度等级 5. 砂浆强度等级、配合比 6. 防护材料种类	m²	按设计图示尺寸以展开面积计算	1. 骨架制作 2. 假山胎模制作 3. 塑假山 4. 山皮料安装 5. 刷防护材料
050301004	石笋	1. 石笋高度 2. 石笋材料种类 3. 砂浆强度等级、配合比	支	1. 以块（支、个）计量，按设计图示数量计算 2. 以吨计量，按设计图示石料质量计算	1. 选石料 2. 石笋安装
050301005	点风景石	1. 石料种类 2. 石料规格、重量 3. 砂浆配合比	1. 块 2. t		1. 选石料 2. 起重架搭、拆 3. 点石
050301006	池石、盆景山	1. 底盘种类 2. 山石高度 3. 山石种类 4. 混凝土砂浆强度等级 5. 砂浆强度等级、配合比	1. 座 2. 个		1. 底盘制作、安装 2. 池、盆景山石安装、砌筑
050301007	山（卵）石护角	1. 石料种类、规格 2. 砂浆配合比	m³	按设计图示尺寸以体积计算	1. 石料加工 2. 砌石
050301008	山坡（卵）石台阶	1. 石料种类、规格 2. 台阶坡度 3. 砂浆强度等级	m²	按设计图示尺寸以水平投影面积计算	1. 选石料 2. 台阶砌筑

2. 原木、竹构件

原木、竹构件工程量清单项目设置、项目特征描述的内容、计量单位及工程量计算规则，应按表3-61的规定执行。

3. 亭廊屋面

亭廊屋面工程量清单项目设置、项目特征描述的内容、计量单位及工程量计算规则，应按表3-62的规定执行。

原木、竹构件（编码：050302）

表 3-61

项目编码	项目名称	项目特征	计量单位	工程量计算规则	工 程 内 容
050302001	原木（带树皮）柱、梁、檩、椽	1. 原木种类 2. 原木（稍）径（不含树皮厚度） 3. 墙龙骨材料种类、规格 4. 墙底层材料种类、规格 5. 构件联结方式 6. 防护材料种类	m	按设计图示尺寸以长度计算（包括榫长）	1. 构件制作 2. 构件安装 3. 刷防护材料
050302002	原木（带树皮）墙		m²	按设计图示尺寸以面积计算（不包括柱、梁）	
050302003	树枝吊挂楣子			按设计图示尺寸以框外围面积计算	
050302004	竹柱、梁、檩、椽	1. 竹种类 2. 竹（直）梢径 3. 连接方式 4. 防护材料种类	m	按设计图示尺寸以长度计算	
050302005	竹编墙	1. 竹种类 2. 墙龙骨材料种类、规格 3. 墙底层材料种类、规格 4. 防护材料种类	m²	按设计图示尺寸以面积计算（不包括柱、梁）	
050302006	竹吊挂楣子	1. 竹种类 2. 竹梢径 3. 防护材料种类		按设计图示尺寸以框外围面积计算	

亭廊屋面（编码：050303）

表 3-62

项目编码	项目名称	项目特征	计量单位	工程量计算规则	工 程 内 容
050303001	草屋面	1. 屋面坡度 2. 铺草种类 3. 竹材种类 4. 防护材料种类	m²	按设计图示尺寸以斜面计算	1. 整理、选料 2. 屋面铺设 3. 刷防护材料
050303002	竹屋面			按设计图示尺寸以实铺面积计算（不包括柱、梁）	
050303003	树皮屋面			按设计图示尺寸以屋面结构外围面积计算	
050303004	油毡瓦屋面	1. 冷底子油品种 2. 冷底子油涂刷遍数 3. 油毡瓦颜色规格		按设计图示尺寸以斜面计算	1. 清理基层 2. 材料裁接 3. 刷油 4. 铺设
050303005	预制混凝土穹顶	1. 穹顶弧长、直径 2. 肋截面尺寸 3. 板厚 4. 混凝土强度等级 5. 拉杆材质、规格	m³	按设计图示尺寸以体积计算。混凝土脊和穹顶芽的肋、基梁并入屋面体积	1. 模板制作、运输、安装、拆除、保养 2. 混凝土制作、运输、浇筑、振捣、养护 3. 构建运输、安装 4. 砂浆制作、运输 5. 接头灌缝、养护

项目编码	项目名称	项 目 特 征	计量单位	工程量计算规则	工 程 内 容
050303006	彩色压型钢板(夹芯板)攒尖亭屋面板	1. 屋面坡度 2. 穹顶弧长、直径 3. 彩色压型钢板(夹芯)板品种、规格	m²	按设计图示尺寸以实铺面积计算	1. 压型板安装 2. 护角、包角、泛水安装 3. 嵌缝 4. 刷防护材料
050303007	彩色压型钢板(夹芯板)穹顶	4. 拉杆材质、规格 5. 嵌缝材料种类 6. 防护材料种类			
050303008	玻璃屋面	1. 屋面坡度 2. 龙骨材质、规格 3. 玻璃材质、规格 4. 防护材料种类			1. 制作 2. 运输 3. 安装
050303009	支(防腐木)屋面	1. 木(防腐木)种类 2. 防护层处理			

4. 花架

花架工程量清单项目设置、项目特征描述的内容、计量单位及工程量计算规则,应按表3-63的规定执行。

花架(编码:050304)　　　　　　　表3-63

项目编码	项目名称	项 目 特 征	计量单位	工程量计算规则	工 程 内 容
050304001	现浇混凝土花架柱、梁	1. 柱截面、高度、根数 2. 盖梁截面、高度、根数 3. 连系梁截面、高度、根数 4. 混凝土强度等级	m³	按设计图示尺寸以体积计算	1. 模板制作、运输、安装、拆除、保养 2. 混凝土制作、运输、浇筑、振捣、养护
050304002	预制混凝土花架柱、梁	1. 柱截面、高度、根数 2. 盖梁截面、高度、根数 3. 连系梁截面、高度、根数 4. 混凝土强度等级 5. 砂浆配合比			1. 模板制作、运输、安装、拆除、保养 2. 混凝土制作、运输、浇筑、振捣、养护 3. 构件安装 4. 砂浆制作、运输 5. 接头灌缝、养护
050304003	金属花架柱、梁	1. 钢材品种、规格 2. 柱、梁截面 3. 油漆品种、刷漆遍数	t	按设计图示以质量计算	1. 制作、运输 2. 安装 3. 油漆
050304004	木花架柱、梁	1. 木材种类 2. 柱、梁截面 3. 连接方式 4. 防护材料种类	m³	按设计图示截面乘长度(包括榫长)以体积计算	1. 构件制作、运输、安装 2. 刷防护材料、油漆

项目编码	项目名称	项目特征	计量单位	工程量计算规则	工程内容
050304005	竹花架柱、梁	1. 竹种类 2. 竹胸径 3. 油漆品种、刷漆遍数	1. m 2. 根	1. 以长度计量，按设计图示花架构件尺寸以延长米计算 2. 以根计量，按设计图示花架柱、梁数量计算	1. 制作 2. 运输 3. 安装 4. 油漆

5. 园林桌椅

园林桌椅工程量清单项目设置、项目特征描述的内容、计量单位及工程量计算规则，应按表 3-64 的规定执行。

园林桌椅（编码：050305）　　　　　　表 3-64

项目编码	项目名称	项目特征	计量单位	工程量计算规则	工程内容
050305001	预制钢筋混凝土飞来椅	1. 座凳面厚度、宽度 2. 靠背扶手截面 3. 靠背截面 4. 座凳楣子形状、尺寸 5. 混凝土强度等级 6. 砂浆配合比		按设计图示尺寸以座凳面中心线长度计算	1. 模板制作、运输、安装、拆除、保养 2. 混凝土制作、运输、浇筑、振捣、养护 3. 构件运输、安装 4. 砂浆制作、运输、抹面、养护 5. 接头灌缝、养护
050305002	水磨石飞来椅	1. 座凳面厚度、宽度 2. 靠背扶手截面 3. 靠背截面 4. 座凳楣子形状、尺寸 5. 砂浆配合比	m		1. 砂浆制作、运输 2. 制作 3. 运输 4. 安装
050305003	竹制飞来椅	1. 竹材种类 2. 座凳面厚度、宽度 3. 靠背扶手截面 4. 靠背截面 5. 座凳楣子形状 6. 铁件尺寸、厚度 7. 防护材料种类			1. 座凳面、靠背扶手、靠背、楣子制作、安装 2. 铁件安装 3. 刷防护材料
050305004	现浇混凝土桌凳	1. 桌凳形状 2. 基础尺寸、埋设深度 3. 桌面尺寸、支墩高度 4. 凳面尺寸、支墩高度 5. 混凝土强度等级、砂浆配合比	个	按设计图示数量计算	1. 模板制作、运输、安装、拆除、保养 2. 混凝土制作、运输、浇筑、振捣、养护 3. 砂浆制作、运输

项目编码	项目名称	项 目 特 征	计量单位	工程量计算规则	工 程 内 容
050305005	预制混凝土桌凳	1. 桌凳形状 2. 基础形状、尺寸、埋设深度 3. 桌面形状、尺寸、支墩高度 4. 凳面尺寸、支墩高度 5. 混凝土强度等级 6. 砂浆配合比	个	按设计图示数量计算	1. 模板制作、运输、安装、拆除、保养 2. 混凝土制作、运输、浇筑、振捣、养护 3. 构件运输、安装 4. 砂浆制作、运输 5. 接头灌缝、养护
050305006	石桌石凳	1. 石材种类 2. 基础形状、尺寸、埋设深度 3. 桌面形状、尺寸、支墩高度 4. 凳面尺寸、支墩高度 5. 混凝土强度等级 6. 砂浆配合比			1. 土方挖运 2. 桌凳制作 3. 桌凳运输 4. 桌凳安装 5. 砂浆制作、运输
050305007	水磨石桌凳	1. 基础形状、尺寸、埋设深度 2. 桌面形状、尺寸、支墩高度 3. 凳面尺寸、支墩高度 4. 混凝土强度等级 5. 砂浆配合比			1. 桌凳制作 2. 桌凳运输 3. 桌凳安装 4. 砂浆制作、运输
050305008	塑树根桌凳	1. 桌凳直径 2. 桌凳高度 3. 砖石种类 4. 砂浆强度等级、配合比 5. 颜料品种、颜色			1. 砂浆制作、运输 2. 砖石砌筑 3. 塑树皮 4. 绘制木纹
050305009	塑树节椅				
050305010	塑料、铁艺、金属椅	1. 木座板面截面 2. 座椅规格、颜色 3. 混凝土强度等级 4. 防护材料种类			1. 制作 2. 安装 3. 刷防护材料

6. 喷泉安装

喷泉安装工程量清单项目设置、项目特征描述的内容、计量单位及工程量计算规则，应按表3-65的规定执行。

7. 杂项

杂项工程量清单项目设置、项目特征描述的内容、计量单位及工程量计算规则，应按表3-66的规定执行。

喷泉安装（编码：050306）

表 3-65

项目编码	项目名称	项目特征	计量单位	工程量计算规则	工程内容
050306001	喷泉管道	1. 管材、管件、阀门、喷头品种 2. 管道固定方式 3. 刷防护材种类	m	按设计图示管道中心线长度以延长米计算，不扣除检查（阀门）井、阀门、管件及附件所占的长度	1. 土（石）方挖运 2. 管材、管件、阀门、喷头安装 3. 刷防护材料 4. 回填
050306002	喷泉电缆	1. 保护管品种、规格 2. 电缆品种、规格		按设计图示单根电缆长度以延长米计算	1. 土（石）方挖运 2. 电缆保护管安装 3. 电缆敷设 4. 回填
050306003	水下艺术装饰灯具	1. 灯具品种、规格 2. 灯光颜色	套		1. 灯具安装 2. 支架制作、运输、安装
050306004	电气控制柜	1. 规格、型号 2. 安装方式		按设计图示数量计算	1. 电气控制柜（箱）安装 2. 系统调试
050306005	喷泉设备	1. 设备品种 2. 设备规格、型号 3. 防护网品种、规格	台		1. 设备安装 2. 系统调试 3. 防护网安装

杂项（编码：050307）

表 3-66

项目编码	项目名称	项目特征	计量单位	工程量计算规则	工程内容
050307001	石灯	1. 石料种类 2. 石灯最大截面 3. 石灯高度 4. 砂浆配合比			1. 制作 2. 安装
050307002	石球	1. 石料种类 2. 球体直径 3. 砂浆配合比	个	按设计图示数量计算	
050307003	塑仿石音箱	1. 音箱石内空尺寸 2. 铁丝型号 3. 砂浆配合比 4. 水泥漆颜色			1. 胎膜制作、安装 2. 铁丝网制作、安装 3. 砂浆制作、运输 4. 喷水泥漆 5. 埋置仿石音箱
050307004	塑树皮梁、柱	1. 塑树种类 2. 塑竹种类 3. 砂浆配合比 4. 喷字规格、颜色 5. 油漆品种、颜色	1. m² 2. m	1. 以平方米计量，按设计图示尺寸以梁柱外表面积计算 2. 以米计量，按设计图示尺寸以构件长度计算	1. 灰塑 2. 刷涂颜料
050307005	塑竹梁、柱				

154

项目编码	项目名称	项目特征	计量单位	工程量计算规则	工程内容
050307006	铁艺栏杆	1. 铁艺栏杆高度 2. 铁艺栏杆单位长度重量 3. 防护材料种类	m	按设计图示尺寸以长度计算	1. 铁艺栏杆安装 2. 刷防护材料
050307007	塑料栏杆	1. 栏杆高度 2. 塑料种类			1. 下料 2. 安装 3. 校正
050307008	钢筋混凝土艺术围栏	1. 围栏高度 2. 混凝土强度等级 3. 表面涂敷材料种类	1. m² 2. m	1. 以平方米计量,按设计图示尺寸以面积计算 2. 以米计量,按设计图示尺寸以延长米计算	1. 制作 2. 运输 3. 安装 4. 砂浆制作、运输 5. 接头灌缝、养护
050307009	标志牌	1. 材料种类、规格 2. 镌字规格、种类 3. 喷字规格、颜色 4. 油漆品种、颜色	个	按设计图示数量计算	1. 选料 2. 标志牌制作 3. 雕凿 4. 镌字、喷字 5. 运输、安装 6. 刷油漆
050307010	景墙	1. 土质类别 2. 垫层材料种类 3. 基础材料种类、规格 4. 墙体材料种类、规格 5. 墙体厚度 6. 混凝土、砂浆强度等级、配合比 7. 饰面材料种类	1. m³ 2. 段	1. 以立方米计量,按设计图示尺寸以体积计算 2. 以段计量,按设计图示尺寸以数量计算	1. 土（石）方挖运 2. 垫层、基础铺设 3. 墙体砌筑 4. 面层铺贴
050307011	景窗	1. 景窗材料品种、规格 2. 混凝土强度等级 3. 砂浆强度等级、配合比 4. 涂刷材料品种	m²	按设计图示尺寸以面积计算	1. 制作 2. 运输 3. 砌筑安放 4. 勾缝 5. 表面涂刷
050307012	花饰	1. 花饰材料品种、规格 2. 砂浆配合比 3. 涂刷材料品种			

项目编码	项目名称	项目特征	计量单位	工程量计算规则	工程内容
050307013	博古架	1. 博古架材料品种、规格 2. 混凝土强度等级 3. 砂浆配合比 4. 涂刷材料品种	1. m² 2. m 3. 个	1. 以平方米计量，按设计图示尺寸以面积计算 2. 以米计量，按设计图示尺寸以延长米计算 3. 以个计量，按设计图示数量计算	1. 制作 2. 运输 3. 砌筑安装 4. 勾缝 5. 表面涂刷
050307014	花盆（坛、箱）	1. 花盆（坛）的材质及类型 2. 规格尺寸 3. 混凝土强度等级 4. 砂浆配合比	个	按设计图示尺寸以数量计算	1. 制作 2. 运输 3. 安放
050307015	摆花	1. 花盆（钵）的材质及类型 2. 花卉品种与规格	1. m² 2. 个	1. 以平方米计量，按设计图示尺寸以水平投影面积计算 2. 以个计量，按设计图示数量计算	1. 搬运 2. 安放 3. 养护 4. 撤收
050307016	花池	1. 土质类别 2. 池壁材料种类、规格 3. 混凝土、砂浆强度等级、配合比 4. 饰面材料种类	1. m³ 2. m 3. 个	1. 以立方米计量，按设计图示尺寸以体积计算 2. 以米计量，按设计图示尺寸以池壁中心线处延长米计算 3. 以个计量，按设计图示数量计算	1. 垫层铺设 2. 基础砌（浇）筑 3. 墙体砌（浇）筑 4. 面层铺贴
050307017	垃圾箱	1. 垃圾箱材质 2. 规格尺寸 3. 混凝土强度等级 4. 砂浆配合比	个	按设计图示尺寸以数量计算	1. 制作 2. 运输 3. 安放
050307018	砖石砌小摆设	1. 砖种类、规格 2. 石种类、规格 3. 砂浆强度等级、配合比 4. 石表面加工要求 5. 勾缝要求	1. m³ 2. 个	1. 以立方米计量，按设计图示尺寸以体积计算 2. 以个计量，按设计图示尺寸以数量计算	1. 砂浆制作、运输 2. 砌砖、石 3. 抹面、养护 4. 勾缝 5. 石表面加工
050307019	其他景观小摆设	1. 名称及材质 2. 规格尺寸	个	按设计图示尺寸以数量计算	1. 制作 2. 运输 3. 安装

项目编码	项目名称	项 目 特 征	计量单位	工程量计算规则	工 程 内 容
050307020	柔性水池	1. 水池深度 2. 防水（漏）材料品种	m²	按设计图示尺寸以水平投影面积计算	1. 清理基层 2. 材料裁接 3. 铺设

3.3.3 园林景观工程清单相关问题及说明

混凝土构件中的钢筋项目应按现行国家标准《房屋建筑与装饰工程工程量计算规范》（GB 50854—2013）中相应项目编码。石浮雕、石镌字应按现行国家标准《仿古建筑工程工程量计算规范》（GB 50855—2013）附录 B 中的相应项目编码列项。

1. 堆塑假山

（1）假山（堆筑土山丘除外）工程的挖土方、开凿石方、回填等应按现行国家标准《房屋建筑与装饰工程工程量计算规范》（GB 50854—2013）相关项目编码列项。

（2）如遇某些构配件使用钢筋混凝土或金属构件时，应按现行国家标准《房屋建筑与装饰工程工程计量计算规范》（GB 50854—2013）或《市政工程工程计量计算规范》（GB 50857—2013）相关项目编码列项。

（3）散铺河滩石按点风景石项目单独编码列项。

（4）堆筑土山丘，适用于夯填、堆筑而成。

2. 原木、竹构件

（1）木构件连接方式应包括：开榫连接、铁件连接、扒钉连接、铁钉连接。

（2）竹构件连接方式应包括：竹钉固定、竹篾绑扎、铁丝连接。

3. 亭廊屋面

（1）柱顶石（磉蹬石）、钢筋混凝土屋面板、钢筋混凝土亭屋面板、木柱、木屋架、钢柱、钢屋架、屋面木基层和防水层等，应按现行国家标准《房屋建筑与装饰工程工程计量计算规范》（GB 50854—2013）中相关项目编码列项。

（2）膜结构的亭、廊，应按现行国家标准《仿古建筑工程工程量计算规范》（GB 50855—2013）及《房屋建筑与装饰工程工程计量计算规范》（GB 50854—2013）中相关项目编码列项。

（3）竹构件连接方式应包括：竹钉固定、竹篾绑扎、铁丝连接。

4. 花架

花架基础、玻璃天棚、表面装饰及涂料项目应按现行国家标准《房屋建筑与装饰工程工程工程量计算规范》（GB 50854—2013）中相关项目编码列项。

5. 园林桌椅

木制飞来椅按现行国家标准《仿古建筑工程工程量计算规范》（GB 50855—2013）相关项目编码列项。

6. 喷泉安装

（1）喷泉水池应按现行国家标准《房屋建筑与装饰工程工程量计算规范》（GB

50854—2013）中相关项目编码列项。

（2）管架项目按现行国家标准《房屋建筑与装饰工程工程计量计算规范》（GB 50854—2013）中钢支架项目单独编码列项。

7. 杂项

砌筑果皮箱，放置盆景的须弥座等，应按砖石砌小摆设项目编码列项。

3.3.4 假山工程工程量计算公式

假山工程量计算公式如下：

$$W = AHRK_n \tag{3-9}$$

式中 W——石料重量（t）；

    A——假山平面轮廓的水平投影面积（m^2）；

    H——假山着地点至最高顶点的垂直距离（m）；

    R——石料比重，黄（杂）石 $2.6t/m^3$、湖石 $2.2t/m^3$；

    K_n——折算系数，高度在 2m 以内 $K_n = 0.65$，高度在 4m 以内 $K_n = 0.56$。

峰石、景石、散点、踏步等工程量的计算公式：

$$W_单 = L_均 B_均 H_均 R \tag{3-10}$$

式中 $W_单$——山石单体重量（t）；

    $L_均$——长度方向的平均值（m）；

    $B_均$——宽度方向的平均值（m）；

    $H_均$——高度方向的平均值（m）；

    R——石料比重（同前式）。

3.3.5 园林景观工程清单工程量计算实例

【例3-18】有一人工塑假山（图3-88），采用钢骨架，山高9m 占地28m^2，假山地基为混凝土基础，35mm 厚砂石垫层，C10 混凝土厚100mm，素土夯实。假山上有人工安置白果笋 1 支，高 2m，景石 3 块，平均长 2m，宽 1m，高 1.5m，零星点布石 5 块，平均长 1m，宽 0.6m，高 0.7m，风景石和零星点布石为黄石。假山山皮料为小块英德石，每块高 2m，宽 1.5m 共 60 块，需要人工运送 60m 远，试求其清单工程量。

【解】

清单工程量计算表见表 3-67，分部分项工程和单价措施项目清单与计价表见表 3-68。

【例3-19】有一带土假山为了保护山体而在假山的拐角处设置山石护角，每块石长 1m，宽 0.5m，高 0.6m。假山中修有山石台阶，每

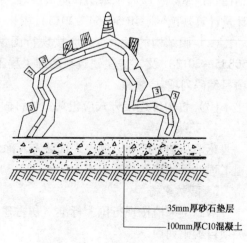

图 3-88　人工塑假山剖面图

1—白果笋；2—景石；3—零星点布石

158

个台阶长0.5m，宽0.3m，高0.15m，共11级，台阶为C10混凝土结构，表面是水泥抹面，C10混凝土厚130mm，1:3:6三合土垫层厚80mm，素土夯实，所有山石材料均为黄石。试求其清单工程量（图3-89）。

清单工程量计算表　　　　　　　　　　表3-67

工程名称：

序号	清单项目编码	清单项目名称	计　算　式	工程量合计	计量单位
1	050301003001	塑假山	按设计图示尺寸以展开面积计算	28	m²
2	050301004001	石　笋	按设计图示尺寸计算	1	支
3	050301005001	点风景石	按设计图示尺寸计算	3	块

分部分项工程和单价措施项目清单与计价表　　　　　　　　　　表3-68

工程名称：

序号	项目编码	项目名称	项目特征描述	计量单位	工程量	金额/元 综合单价	金额/元 合价
1	050301003001	塑假山	人工塑假山，钢骨架，山高9m，假山地基为混凝土基础，山皮料为小块英德石	m²	28		
2	050301004001	石　笋	高2m	支	1		
3	050301005001	点风景石	平均长2m，宽1m，高1.5m	块	3		

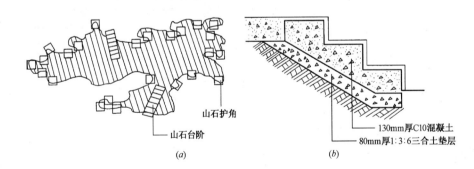

图3-89　假山示意图

（a）假山平面图；（b）台阶剖面图

【解】

清单工程量计算表见表3-69，分部分项工程和单价措施项目清单与计价表见表3-70。

【例3-20】公园内有一堆砌石假山，山石材料为黄石，山高3.8m，假山平面轮廓的水平投影外接矩形长8m，宽4.5m，投影面积为35m²。假山下为110mm厚混凝土基础，40mm厚砂石垫层，110mm厚C10混凝土，1:3水泥砂浆砌山石。石间空隙处填土配制有小灌木，试求其清单工程量（图3-90）。

清单工程量计算表　　　　　　　　　　　　　　　　　　　　　　表3-69

工程名称：

序号	清单项目编码	清单项目名称	计　算　式	工程量合计	计量单位
1	050301007001	山（卵）石护角	$V=长\times宽\times高=1\times0.5\times0.6\times24$	7.2	m³
2	050301008001	山坡（卵）石台阶	$S=长\times宽\times台阶数=0.5\times0.3\times11$	1.65	m²

分部分项工程和单价措施项目清单与计价表　　　　　　　　　　表3-70

工程名称：

序号	项目编码	项目名称	项目特征描述	计量单位	工程量	金额/元	
						综合单价	合价
1	050301007001	山（卵）石护角	每块石长 1m，宽 0.5m，高 0.6m	m³	7.2		
2	050301008001	山坡（卵）石台阶	C10 混凝土结构，表面是水泥抹面，C10 混凝土厚130mm	m²	1.65		

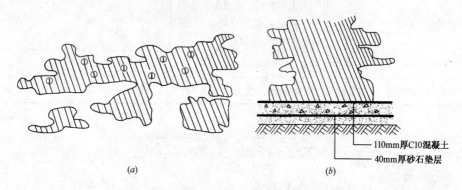

图3-90　假山水平投影图、剖面图

（a）假山水平投影图；（b）假立剖面图

1—贴梗海棠

【解】

清单工程量计算表见表3-71，分部分项工程和单价措施项目清单与计价表见表3-72。

清单工程量计算表　　　　　　　　　　　　　　　　　　　　　　表3-71

工程名称：

序号	清单项目编码	清单项目名称	计　算　式	工程量合计	计量单位
1	050301002001	堆砌石假山	$W=AHRK_n=35\times3.8\times2.6\times0.56$	193.65	t
2	050102002001	栽植灌木	按设计图示数量计算	8	株

工程名称：

序号	项目编码	项目名称	项目特征描述	计量单位	工程量	金额/元	
						综合单价	合价
1	050301002001	堆砌石假山	山石材料为黄石，山高3.8m	t	193.65		
2	050102002001	栽植灌木	贴梗海棠	株	8		

【例3-21】 如图3-91所示为某花架柱子局部平面和断面，各尺寸如图所示，共有29根柱子，求挖土方工程量及现浇混凝土柱子工程量。

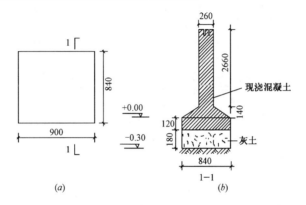

图3-91 某花架柱子局部示意图

（a）柱平面图；（b）柱剖面图

【解】

清单工程量计算表见表3-73，分部分项工程和单价措施项目清单与计价表见表3-74。

清单工程量计算表   表 3-73

工程名称：

序号	清单项目编码	清单项目名称	计 算 式	工程量合计	计量单位
1	010101002001	挖一般土方	$0.84 \times 0.9 \times 0.3 \times 29$	6.58	m³
2	050304001001	现浇混凝土花架柱、梁	$V = \{\frac{1}{3} \times 3.14 \times 0.14 \times [(\frac{0.26}{2})^2 + (\frac{0.84}{2})^2 + \frac{0.26}{2} \times \frac{0.84}{2}] + 0.26 \times 0.3 \times 2.66\} \times 29$	9.16	m³

【例3-22】 某以竹子为原料制作的亭子，亭子为直径3m的圆形，由8根直径8cm的竹子作柱子，4根直径为10cm的竹子作梁，4根直径为7cm、长1.6m的竹子作檩条，64根长1.2m、直径为5cm的竹子作椽，并在檐枋下倒挂着竹子做的斜万字纹的竹吊挂楣子，宽12cm，试求其清单工程量（结构布置如图3-92所示）。

分部分项工程和单价措施项目清单与计价表　　　　表3-74

工程名称：

序号	项目编码	项目名称	项目特征描述	计量单位	工程量	金额/元	
						综合单价	合价
1	010101002001	挖一般土方	挖土深0.3m	m³	6.58		
2	050304001001	现浇混凝土花架柱、梁	柱截面0.26m×0.3m，柱高2.66m，共29根	m³	9.16		

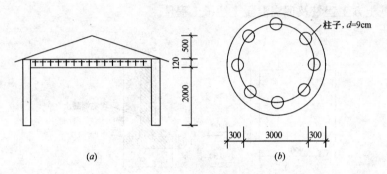

图3-92　亭子构造示意图

（a）立面图；（b）平面图

【解】

清单工程量计算表见表3-75，分部分项工程和单价措施项目清单与计价表见表3-76。

清单工程量计算表　　　　表3-75

工程名称：

序号	清单项目编码	清单项目名称	计　算　式	工程量合计	计量单位
1	050302004001	竹柱	竹柱子工程量=2×8	16	m
2	050302004002	竹梁	竹梁工程量=1.8×4	7.2	m
3	050302004003	竹檩	竹檩条工程量=1.6×4	6.4	m
4	050302004004	竹椽	竹椽工程量=1.2×64	76.8	m
5	050302006001	竹吊挂楣子	亭子的周长×竹吊挂楣子宽度=3.14×3×0.12	1.13	m²

【例3-23】 现有一竹制的小屋，结构造型如图3-93所示，小屋长×宽×高为5m×4m×2.5m，已知竹梁所用竹子直径为14cm，竹檩条所用竹子直径为10cm，做竹椽所用竹子直径为6cm，竹编墙所用竹子直径为1.2cm，采用竹框墙龙骨，竹屋面所用的竹子直径为1.5cm，试求其清单工程量（该屋子有一高1.85m，宽1.5m的门）。

分部分项工程和单价措施项目清单与计价表　　　　　表3-76

工程名称：

序号	项目编码	项目名称	项目特征描述	计量单位	工程量	金额/元	
						综合单价	合价
1	050302004001	竹柱	竹柱直径为8cm	m	16		
2	050302004002	竹梁	竹梁直径为10cm	m	7.2		
3	050302004003	竹檩	竹檩条直径为7cm	m	6.4		
4	050302004004	竹椽	竹椽直径为5cm	m	76.8		
5	050302006001	竹吊挂楣子	斜万字纹吊挂楣子，宽12cm	m²	1.13		

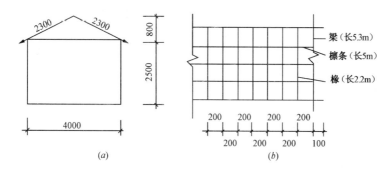

图3-93　屋子构造示意图

（a）立面；（b）平面图

【解】

清单工程量计算表见表3-77，分部分项工程和单价措施项目清单与计价表见表3-78。

清单工程量计算表　　　　　表3-77

工程名称：

序号	清单项目编码	清单项目名称	计　算　式	工程量合计	计量单位
1	050302004001	竹梁	5.3×3	15.9	m
2	050302004002	竹梁	2.3×4	9.2	m
3	050302004003	竹椽	2.2×40	88	m
4	050302004004	竹檩	5×2	10	m
5	050302005001	竹编墙	$(5×2.5-1.85×1.5)+5×2.5$ $+4×2.5×2$	42.23	m²
6	050303002001	竹屋面	侧斜面面积×2＝5×2.3×2	23	m²

工程名称：

序号	项目编码	项目名称	项目特征描述	计量单位	工程量	金额/元	
						综合单价	合价
1	050302004001	竹梁	竹子直径为14cm	m	15.9		
2	050302004002	竹梁	竹子直径为14cm	m	9.2		
3	050302004003	竹椽	竹子直径为6cm	m	88		
4	050302004004	竹檩	竹子直径为10cm	m	10		
5	050302005001	竹编墙	竹子直径为1.2cm，采用竹框墙龙骨	m²	42.23		
6	050303002001	竹屋面	直径为1.5cm的竹子铺设	m²	23		

【例3-24】某公园花架用现浇混凝土花架柱、梁搭接而成，已知花架总长度为9.2m，宽2.5m，花架柱、梁具体尺寸、布置形式如图3-94所示，该花架基础为混凝土基础，厚60cm，试求其清单工程量。

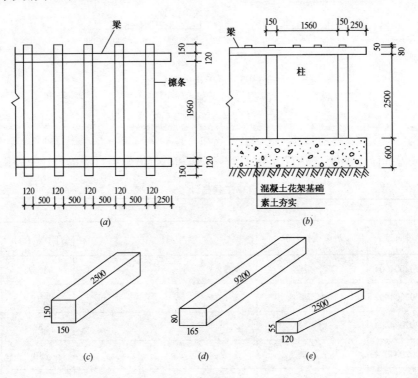

图3-94 花架构造示意图

(a) 平面图；(b) 剖面图；(c) 柱尺寸示意图；
(d) 纵梁尺寸示意图；(e) 小檩条尺寸示意图

【解】

清单工程量计算表见表3-79，分部分项工程和单价措施项目清单与计价表见表3-80。

清单工程量计算表

表3-79

工程名称：

序号	清单项目编码	清单项目名称	计　算　式	工程量合计	计量单位
1	050304001001	现浇混凝土花架柱	将花架一侧的柱子数目设为 x： $0.25 \times 2 + 0.15x + 1.56(x-1) = 9.2, x = 6$ 整个花架共有柱子：$6 \times 2 = 12$ 根 柱子底面积 $\times$ 高 $\times 12 = 0.15 \times 0.15 \times 2.5 \times 12$	0.68	m^3
2	050304001002	现浇混凝土花架梁	纵梁断面面积 $\times$ 长度 $\times 2$ 根 $= 0.165 \times 0.08$ $\times 9.2 \times 2$	0.24	m^3
3	050304001003	现浇混凝土花架梁	将花架檩条的数目设为 y： $0.25 \times 2 + 0.12y + 0.5(y-1) = 9.2$， $y = 15$ 檩条断面面积 $\times$ 长度 $\times 15 = 0.12 \times 0.055 \times 2.5$ $\times 15$	0.25	m^3

分部分项工程和单价措施项目清单与计价表

表3-80

工程名称：

序号	项目编码	项目名称	项目特征描述	计量单位	工程量	金额/元 综合单价	金额/元 合价
1	050304001001	现浇混凝土花架柱	花架柱的截面为 150mm $\times$ 150mm，柱高2.5m，共12根	m^3	0.68		
2	050304001002	现浇混凝土花架梁	花架纵梁的截面为160mm $\times$ 80mm，梁长9.3m，共2根	m^3	0.24		
3	050304001003	现浇混凝土花架梁	花架檩条截面为 120mm $\times$ 50mm，檩条长2.5m，共15根	m^3	0.25		

【例3-25】图3-95为某木花架局部平面示意图，各檩厚200mm，请计算木花架安装清单工程量。

【解】

清单工程量计算表见表3-81，分部分项工程和单价措施项目清单与计价表见表3-82。

清单工程量计算表

表3-81

工程名称：

清单项目编码	清单项目名称	计　算　式	工程量合计	计量单位
050304004001	木花架柱、梁	$0.22 \times 0.20 \times 4.58 \times 12$	2.42	m^3

分部分项工程和单价措施项目清单与计价表　　表3-82

工程名称：

项目编码	项目名称	项目特征描述	计量单位	工程量	金额/元	
					综合单价	合价
050304004001	木花架柱、梁	檩截面220mm×200mm	m³	2.42		

【例3-26】某树下放置有钢筋混凝土飞来椅如图3-96所示，飞来椅围树布置成一圆形，共6个，大小相等。每个座面板长1.5m，宽0.5m，厚0.05m，靠背长1.2m，宽0.4m，厚0.12m，靠背与座面板用水泥砂浆找平，座凳面用青石板做面层，座凳下为80mm厚块石垫层，素土夯实，试计算其清单工程量。

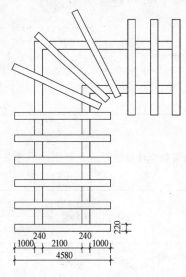

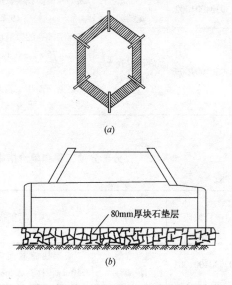

图3-95　某花架局部　　　　　图3-96　钢筋混凝土飞来椅示意图
　　　平面示意图　　　　　　　（a）平面图；（b）立面断面结构图

【解】

清单工程量计算表见表3-83，分部分项工程和单价措施项目清单与计价表见表3-84。

清单工程量计算表　　表3-83

工程名称：

清单项目编码	清单项目名称	计　算　式	工程量合计	计量单位
050305001001	预制钢筋混凝土飞来椅	$L=1.5\times6$	9	m

分部分项工程和单价措施项目清单与计价表　　表3-84

工程名称：

项目编码	项目名称	项目特征描述	计量单位	工程量	金额/元	
					综合单价	合价
050305001001	预制钢筋混凝土飞来椅	每个座面板长1.5m，宽0.5m，厚0.05m	m	9		

【例3-27】 某圆形喷水池如图3-97所示，池底装有照明灯和喷泉管道，喷泉管道每根长10m。喷水池总高为1.5m，埋地下0.5m，露出地面1m，喷水池半径为6m，用砖砌石壁，池壁宽0.4m，外面用水泥砂浆抹平，池底为现场搅拌混凝土池底，池底厚30cm。池底从上往下依次为防水砂浆，二毡三油沥青卷材防水层，150mm厚素混凝土，120mm厚混合料垫层，素土夯实。试计算其工程量。

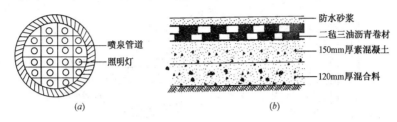

图3-97　圆形喷水池内部示意图
(a) 圆形喷水池平面图；(b) 池底剖面图

【解】
清单工程量计算表见表3-85，分部分项工程和单价措施项目清单与计价表见表3-86。

清单工程量计算表 表3-85

工程名称：

序号	清单项目编码	清单项目名称	计 算 式	工程量合计	计量单位
1	050306001001	喷泉管道	$L = 8 \times 10$	80.00	m
2	050306003001	水下艺术装饰灯具	按设计图示数量计算	20	套

分部分项工程和单价措施项目清单与计价表 表3-86

工程名称：

序号	项目编码	项目名称	项目特征描述	计量单位	工程量	金额/元	
						综合单价	合价
1	050306001001	喷泉管道	喷泉管道每根长10m	m	80.00		
2	050306003001	水下艺术装饰灯具	水下照明灯20套	套	20		

【例3-28】 某庭园内有一长方形花架供人们休息观赏，花架柱、梁全为长方形，柱、梁为砖砌，外面用水泥抹面，再用水泥砂浆找平，最后用水泥砂浆粉饰出树皮外形，水泥厚为0.05m，水泥抹面厚0.03m，水泥砂浆找平层厚0.01m。花架柱高2.5m，截面长0.6m，宽0.4m，花架横梁每根长1.8m，截面长0.3m，宽0.3m，纵梁长15m，截面长0.3m，宽0.3m，花架柱埋入地下0.5m，所挖坑的长、宽都比柱的截面的长、宽各多出0.1m，柱下为25mm厚1:3白灰砂浆，150mm厚3:7灰土，200mm厚砂垫层，素土夯实。

试求其清单工程量（图 3-98）。

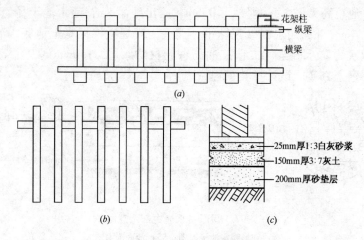

图 3-98 花架示意图

（a）平面图；（b）立面图；（c）垫层剖面图

【解】

清单工程量计算表见表 3-87，分部分项工程和单价措施项目清单与计价表见表 3-88。

清单工程量计算表　　　　　　　　　　　　表 3-87

工程名称：

序号	清单项目编码	清单项目名称	计 算 式	工程量合计	计量单位
1	050307004001	塑树皮柱	$L = 2.5 \times 14$	35.00	m
2	050307004002	塑树皮梁	$L = L_{横梁} + L_{纵梁} = 1.8 \times 7 + 15 \times 2$	42.60	m

分部分项工程和单价措施项目清单与计价表　　　　　　表 3-88

工程名称：

序号	项目编码	项目名称	项目特征描述	计量单位	工程量	金额/元 综合单价	合价
1	050307004001	塑树皮柱	花架柱高 2.5m，截面长 0.6m，宽 0.4m	m	35.00		
2	050307004002	塑树皮梁	花架横梁每根长 1.8m，截面长 0.3m，宽 0.3m，纵梁长 15m，截面长 0.3m，宽 0.3m	m	42.60		

【例 3-29】 一小游园中有一凉亭（图 3-99）的柱、梁为塑竹柱、梁，凉亭柱高 3m，共 4 根，梁长 2.5m，共 4 根。梁、柱用角铁作芯，外用水泥砂浆塑面，做出竹节，最外层涂有灰面乳胶漆三道。柱子截面半径为 0.3m，梁截面半径为 0.2m，亭柱埋入地下

0.5m。亭顶面为等边三角形，边长为6m，亭顶面板制作厚度为2cm，亭面坡度为1:40。亭子高出地面0.3m，为砖基础，表面铺水泥，砖基础下为50厚混凝土，100厚粗砂，120厚3:7灰土垫层素土夯实，试求其清单工程量。

【解】

清单工程量计算表见表3-89，分部分项工程和单价措施项目清单与计价表见表3-90。

清单工程量计算表　　　　　　　　　　　　　　表3-89

工程名称：

清单项目编码	清单项目名称	计　算　式	工程量合计	计量单位
050307005001	塑竹梁、柱	$S = S_{柱} + S_{梁} = 2\pi r \cdot H \times 根数 + 2\pi r H \times 根数$ $= 2 \times 3.14 \times 0.3 \times 3 \times 4 + 2 \times 3.14 \times 0.2 \times 2.5 \times 4$	28.79	m²

分部分项工程和单价措施项目清单与计价表　　　　　　表3-90

工程名称：

项目编码	项目名称	项目特征描述	计量单位	工程量	金额/元	
					综合单价	合价
050307005001	塑竹梁、柱	柱高3m，共4根；梁长2.5m，共4根	m²	28.79		

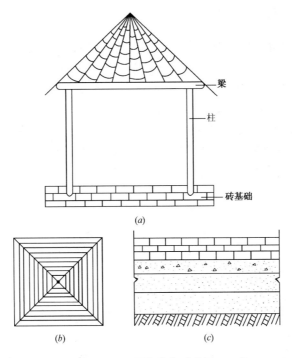

图3-99　塑竹凉亭示意图

(a) 亭子立面图；(b) 亭子平面图；(c) 砖基础与垫层剖面图

169

4 园林工程招标

4.1 概述

4.1.1 园林工程招标投标的特点

园林工程招标投标即在市场经济条件下进行大宗货物买卖和工程建设项目的发包与承包，以及在服务项目的采购与提供时，所采用的一种交易方式。

我国从 20 世纪 80 年代初开始逐步实行招标投标制度，目前招标投标业务主要集中在工程建设、政府采购、设备采购等领域，其中工程建设领域中采用招投标方式最多。园林工程招标投标的特点主要有以下几个方面：

（1）通过竞争机制，实行交易的公开。

（2）鼓励竞争，防止垄断，优胜劣汰，可以很好地实现工程项目投资效益的最大化。

（3）通过科学合理的程序，确保交易的公平和公正。

4.1.2 园林工程招标投标的目的

《招标投标法》将招标与投标的过程纳入法制管理的范畴，其主要内容包括：

（1）通行的招标投标程序。

（2）招标人应遵循的基本规则。

（3）任何违反法律规定应承担的后果责任等。

园林工程招标投标的目的主要有：通过竞争择优选定项目的勘察、设计、施工、装修、材料设备供应、监理和工程总承包单位，确保工程质量、缩短建设周期、降低成本、提高投资效益和项目综合效益最大化。

4.1.3 园林工程招标投标的原则

1. 公开原则

公开原则主要是指招标投标活动应有较高的透明度，招标人当将招标信息公布于众，以招引投标人作出积极反应。在招标采购制度中，公开原则应贯穿于整个招标投标过程中，其具体表现在建设工程招标投标中信息的公开、条件的公开、程序的公开和结果的公开。

2. 公平原则

公平原则是指在招标中要求招标人或评标委员会严格按照规定的条件和程序实行招标活动，平等地对待每一位投标竞争者，不得对投标竞争者采取不同的标准，且招标人不得以任何方式限制或排斥本地区、本系统以外的法人或者其他组织参加投标活动。

3. 公正原则

公正原则是指招标投标活动要按照招标文件中的统一标准，实事求是地进行评标和决标，不得偏袒其中任何一方。

4. 诚实信用原则

招标投标当事人均应以诚实、守信的态度行使权利，履行义务，以确保双方的利益不受损失。诚实是指真实合法，不得用歪曲或隐瞒真实情况的手段欺骗对方。

4.2 园林工程招标条件与范围

4.2.1 园林工程招标条件

园林工程项目招标必须符合其主管部门规定的相关条件，其条件分为招标人（即建设单位）应具备的条件以及招标的工程项目应具备的条件两个方面。

1. 招标单位应具备的条件

（1）招标单位必须是法人或依法成立的其他组织。

（2）招标单位必须履行报批手续并取得批准。

（3）项目资金或资金来源已经落实。

（4）具有与招标工程相适应的经济、技术管理人员。

（5）具有组织编制招标文件的能力。

（6）具有审查投标单位资质的能力。

（7）具有组织开标、评标、定标的能力。

若招标单位不具备上述（4）～（7）项条件，则需委托具有相应资质的咨询或监理等中介服务机构代理招标。

2. 招标项目应具备的条件

（1）一般条件

1）项目概算已经批准。

2）项目已经正式列入国家、部门或地方的年度固定资产投资计划。

3）建设用地的征用工作已经完成。

4）具有能够满足施工需要的施工图纸及技术资料。

5）建设资金及主要建筑材料、设备的来源已经落实。

6）已得到项目所在地规划部门的批准，施工现场"三通一平"已经完成或一并列入施工招标范围。

（2）对于不同性质的工程项目，招标条件可有所不同或有所偏重：

1）建设工程勘察设计招标的条件主要侧重于：

①设计任务书或可行性研究报告已获得批准。

②具有设计所必需的，并且可靠的基础资料。

2）建设工程施工招标的条件主要侧重于：

①建设工程已列入年度投资计划。

②建设资金（含自筹资金）已按规定存入银行。

③施工前期工作已基本完成。

④有持证的设计单位设计的施工图纸和有关设计文件。

3）建设监理招标的条件主要侧重于：

①设计任务书或初步设计已经获得批准。

②工程建设的主要技术工艺要求已确定。

4）建设工程材料设备供应招标的条件主要侧重于：

①建设项目已列入年度投资计划。

②建设资金（含自筹资金）已按规定存入银行。

③具有已被批准的初步设计或施工图设计所附的设备清单，专用、非标设备应具有设计图纸、技术资料等。

5）建设工程总承包招标的条件主要侧重于：

①计划文件或设计任务书已被批准。

②建设资金和地点已经落实。

4.2.2　园林工程招标范围

园林工程建设招标可全过程招标，其工作内容可包括：可行性研究、勘察设计、物资供应、建筑安装施工乃至使用后的维修；也可是阶段性建设任务的招标，如勘察设计、项目施工；可以是整个项目发包，也可是单项工程发包；在施工阶段，还可依承包内容的不同，分为包工包料、包工部分包料、包工不包料。进行园林工程招标，招标人必须根据园林工程项目的特点，结合自身的管理能力，确定工程的招标范围。

在《招标投标法》中，有许多条文都是针对强制招标的，其要求极为严格，并且不完全适合于当事人自愿招标的情况。因此，下面主要是根据当前各部门、各地方、各单位实际工作的需要，介绍当前政府已经明确了的强制招标的招标项目、招标对象（有的称其为"标的"）范围。

1. 应当实行招标的范围

我国《招标投标法》规定，在中华人民共和国境内进行下列工程建设项目必须进行招标：

（1）大型基础设施、公用事业等关系社会公众利益、公众安全的项目

1）基础设施项目主要包括：

①煤炭、电力、新能源等能源生产和开发项目。

②铁路、公路、管道、航空以及其他交通运输业等交通运输项目。

③邮政、电信枢纽、通信、信息网络等邮电通信项目。

④防洪、灌溉、排涝、引水、滩涂治理、水土保持、水利枢纽等水利项目。

⑤道路、桥梁、地铁和轻轨交通、地下管道、公共停车场等城市设施项目。

⑥污水排放及其处理、垃圾处理、河湖水环境治理、园林、绿化等生态环境建设和保护项目。

⑦其他基础设施项目。

2）公用事业项目主要要包括：

①供水、供电、供气、供热等市政工程项目。

②科技、教育、文化等项目。

③体育、旅游等项目。

④卫生、社会福利等项目。

⑤商品住宅，包括经济适用住房。

⑥其他公用事业项目。

（2）全部使用或者部分使用国有资金投资或者国家融资的项目

1）使用国有资金投资项目主要包括：

①使用各级财政预算内资金的项目。

②使用纳入财政管理的各种政府性专项建设基金的项目。

③使用国有企业事业单位自有资金，并且国有资产投资者实际拥有控制权的项目。

2）使用国家融资项目主要包括：

①使用国家发行债券所筹资金的项目。

②使用国家对外借款、政府担保或者承诺还款所筹资金的项目。

③使用国家政策性贷款资金的项目。

④政府授权投资主体融资的项目。

⑤政府特许的融资项目。

（3）使用国际组织或者外国政府贷款、援助资金的项目

使用国际组织或者外国政府贷款、援助资金的项目主要包括：

1）使用世界银行、亚洲开发银行等国际组织贷款资金的项目。

2）使用外国政府及其机构贷款资金的项目。

3）使用国际组织或者外国政府援助资金的项目。

法律或国务院对必须进行招标的其他项目的范围有规定的，则依照其规定实施招标。

在上述规定的指导下，全国各省市等地方有关部门关于建设工程招标范围都有自己具体的规定。对于位于具体地点的工程的招标范围，应依据当地具体规定确定。《招标投标法》第6条还规定："依法必须进行招标的项目，其招标投标活动不受地区或者部门的限制。任何单位和个人不得违法限制或者排斥本地区、本系统以外的法人或者其他组织参加投标，不得以任何方式非法干涉招标投标活动。"

《房屋建筑和市政基础设施工程施工招标投标管理办法》中规定：房屋建筑和市政基础设施工程（以下简称工程）的施工单项合同估算价在200万元人民币以上，或者项目总投资在3000万元人民币以上的，必须进行招标。所谓市政基础设施工程，即为城市道路、公共交通、供水、排水、燃气、热力、园林、环卫、污水处理、垃圾处理、防洪、地下公共设施及附属设施的土建、管道、设备安装工程。

2. 经批准后可不进行招标的范围

对于强制招标的工程项目，有下列情形之一的，经有关部门批准后，可以不进行施工招标：

（1）涉及国家安全、国家秘密或者抢险救灾而不适宜招标的工程项目。

（2）属于利用扶贫资金实行以工代赈、需要使用农民工的工程项目。

（3）施工主要技术需要采用不可替代的专利或者专有技术的工程项目。

（4）在建工程追加的附属小型工程或者主体加层工程，原中标人仍具备承包能力的

工程项目。

（5）采购人依法能够自行建设、生产或者提供的工程项目。

（6）已通过招标方式选定的特许经营项目投资人依法能够自行建设、生产或者提供的工程项目。

（7）需要向原中标人采购工程、货物或者服务，否则将影响施工或者功能配套要求的工程项目。

（8）国家规定的其他特殊情形。

4.3　园林工程招标方式与程序

4.3.1　园林工程招标方式

1. 公开招标

公开招标是指招标人以招标公告的方式，邀请不特定的法人或其他组织参加投标的一种招标方式。也就是说招标人在国家指定的报刊、电子网络或其他媒体上发布招标公告，以吸引众多的潜在投标人参加投标竞争，招标人按照规定的程序和办法从中择优选择中标人的招标方式。

（1）公开招标的优点

招标人可以在较为广阔的范围内选择承包单位，投标竞争越激烈，择优率越高，越有利于招标人将工程项目的建设交予可靠的承包商实施，并从中获得有竞争性的商业报价，同时也可以在较大程度上避免招标活动中的贿标行为。

（2）公开招标的缺点

在准备招标、对投标申请单位进行资格预审以及评标的过程中工作量大，招标时间长、费用高；与此同时，参加竞争投标者越多，每个参加者中标的机会就越小，风险就越大，损失的费用也就越多，而这种费用的损失必然会反映在标价上，最终由招标人承担。

2. 邀请招标

邀请招标（也称选择性招标）是指招标人以投标邀请书的方式，邀请特定的法人或者其他组织参加投标的一种招标方式。也就是说由招标人通过市场调查，根据供应商或承包商的资信和业绩，选择一定数目的法人或者其他组织（不能少于3家），向其发出投标邀请书，邀请他们参加投标竞争，招标人按规定的程序和办法从中择优选择中标人的招标方式。

（1）邀请招标的优点

与公开招标相比，其优点是不需要发招标广告，不进行资格预审，从而简化了投标程序，因此节约了招标费用，也缩短了招标时间。

（2）邀请招标的缺点

由于邀请范围较小，选择面窄，可能会排斥某些在技术或报价上有竞争力的潜在投标人，因此投标竞争的激烈程度相对较差。

4.3.2 园林工程招标程序

园林工程施工招标的程序如图4-1所示。

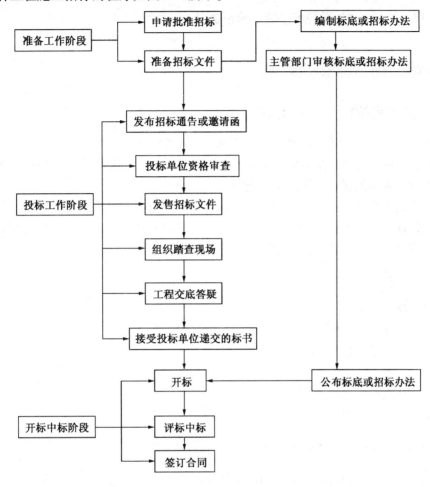

图4-1 园林工程施工招标的一般程序

在我国，一般可以将园林工程施工招标工作分为三个阶段：准备工作阶段、招标工作阶段以及开标中标阶段。各阶段的一般工作包括：

（1）园林建设单位向政府有关部门提出招标申请。

（2）组建招标工作机构开展招标工作。

（3）编制招标文件。

（4）标底的编制和审定。

（5）发布招标公告和招标邀请书。

（6）组织投标单位报名并接受投标申请。

（7）审查投标单位的资质。

（8）发售招标文件。

（9）踏查现场及答疑。

（10）接受投标书。

（11）召开开标会议并公布投标单位的标书。

（12）评标并确定中标单位。

（13）招标单位与中标单位签订施工承包合同。

4.4 园林工程招标文件编制

4.4.1 园林工程招标文件的主要内容

园林工程招标文件是指招标单位向投标单位详细阐明园林工程项目建设意图的一系列文件。园林工程招标文件既是招标单位进行招标工作的指南，也是投标单位进行投标和编制投标书的主要客观依据和必须遵循的准则。

根据国家发改委同工业和信息化部、财政部、住房和城乡建设部等部门编制的《简明标准施工招标文件（2012年版)》（以下简称《标准文件》）的规定，对于公开招标的招标文件，应分为八章，其中主要包括下列内容：

第一章　招标公告

第二章　投标人须知

第三章　评标办法

第四章　合同条款及格式

第五章　工程量清单

第六章　图纸

第七章　技术标准和要求

第八章　投标文件格式

4.4.2 园林工程招标文件的编制

园林工程招标文件的编制，应由园林建设单位组建的招标工作机构在招标准备阶段负责完成。结合招标文件的主要内容，对园林工程招标文件的编制应作出如下要求：

1. 封面格式

《标准文件》封面格式应包括：项目名称、标段名称（如有）、标识出"招标文件"这四个字、招标人名称和单位印章、时间。

2. 招标公告（投标邀请书）

招标公告适用于公开招标，而投标邀请书适用于邀请招标。对于已经进行资格预审的项目，招标文件也应包括投标邀请书（代替资格预审通过通知书）。

（1）招标公告（未进行资格预审）

招标公告主要包括：项目名称、招标条件、项目概况与招标范围、投标人资格要求、招标文件的获取、投标文件的递交、发布公告的媒介以及联系方式等。

（2）投标邀请书（适用于邀请招标）

投标邀请书一般包括：项目名称、被邀请人名称、招标条件、项目概况与招标范围、投标人资格要求、招标文件的获取、投标文件的递交、确认以及联系方式等，其中大部分内容与招标公告基本相同，唯一有区别是：投标邀请书无需说明分布公告的媒介，但对招标人增加了在收到投标邀请书后的约定时间内，以传真或快递方式予以确认是否参加投标的要求。

3. 投标人须知

投标人须知是招标投标活动应遵循的程序规则以及对投标的要求，但投标人须知不是合同文件的组成部分。需要有合同约束力的内容应在构成合同文件组成部分的合同条款、技术标准与要求等文件中体现。投标人须知主要包括：投标人须知前附表、正文以及附表格式等。

（1）投标人须知前附表

投标人须知前附表的作用主要有以下两个方面：

1）投标人须知前附表是将投标人须知中的关键内容和数据摘要进行列表，以起到强调和提醒的作用，为投标人能够迅速掌握投标人须知的内容提供了方便，但必须与招标文件相关章节内容衔接一致。

2）对投标人须知正文中交由前附表明确的内容给予具体约定。

《标准文件》中投标人须知前附表的格式见表 4-1。

投标人须知前附表 表 4-1

条款号	条款名称	编列内容
1.1.2	招标人	名　称： 地　址： 联系人： 电　话：
1.1.3	招标代理机构	名　称： 地　址： 联系人： 电　话：
1.1.4	项目名称	
1.1.5	建设地点	
1.2.1	资金来源及比例	
1.2.2	资金落实情况	
1.3.1	招标范围	
1.3.2	计划工期	计划工期：_____日历天 计划开工日期：____年____月____日 计划竣工日期：____年____月____日
1.3.3	质量要求	
1.4.1	投标人资质条件、能力	资质条件： 项目经理（建造师，下同）资格： 财务要求： 业绩要求： 其他要求：

177

条款号	条款名称	编列内容
1.9.1	踏勘现场	□不组织 □组织，踏勘时间： 　　　　踏勘集中地点：
1.10.1	投标预备会	□不召开 □召开，召开时间： 　　　　召开地点：
1.10.2	投标人提出问题的截止时间	
1.10.3	招标人书面澄清的时间	
1.11	偏离	□不允许 □允许
2.1	构成招标文件的其他材料	
2.2.1	投标人要求澄清招标文件的截止时间	
2.2.2	投标截止时间	____年____月____日____时____分
2.2.3	投标人确认收到招标文件澄清的时间	
2.3.2	投标人确认收到招标文件修改的时间	
3.1.1	构成投标文件的其他材料	
3.2.3	最高投标限价或其计算方法	
3.3.1	投标有效期	
3.4.1	投标保证金	□不要求递交投标保证金 □要求递交投标保证金 投标保证金的形式： 投标保证金的金额：
3.5.2	近年财务状况的年份要求	_____年
3.5.3	近年完成的类似项目的年份要求	_____年
3.6.3	签字或盖章要求	
3.6.4	投标文件副本份数	_____份
3.6.5	装订要求	
4.1.2	封套上应载明的信息	招标人地址： 招标人名称： _____（项目名称）投标文件 在____年____月____日____时____分前不得开启
4.2.2	递交投标文件地点	
4.2.3	是否退还投标文件	□否 □是

条款号	条款名称	编列内容
5.1	开标时间和地点	开标时间：同投标截止时间 开标地点：
5.2	开标程序	密封情况检查： 开标顺序：
6.1.1	评标委员会的组建	评标委员会构成：＿＿＿人，其中招标人代表＿＿＿人，专家＿＿＿人； 评标专家确定方式：
7.1	是否授权评标委员会确定中标人	□是 □否，推荐的中标候选人数：
7.2	中标候选人公示媒介	
7.4.1	履约担保	履约担保的形式： 履约担保的金额：
......		
9	需要补充的其他内容	
10	电子招标投标	□否 □是，具体要求：
......	......	

（2）招标须知正文应包括：总则、招标文件、投标、开标、评标、合同授予、纪律和监督、需要补充的其他内容以及电子招标投标。

1）总则。总则主要由下列内容组成：

①项目概况。项目概况应说明项目已具备招标条件，现对本项目施工进行招标。说明项目招标人、项目招标代理机构、项目名称、项目建设地点等。

②资金来源和落实情况。资金来源和落实情况应说明项目的资金来源及出资比例、项目的资金落实情况等。

③招标范围、计划工期、质量要求。招标范围、计划工期、质量要求应说明招标范围、项目的计划工期、项目的质量要求等。

a. 招标范围，应采用工程专业术语填写。

b. 计划工期，由招标人根据项目建设计划来判断填写。

c. 对于质量要求，根据国家、行业颁布的建设工程施工质量验收标准填写，且不可与各种质量奖项混淆。

④投标人资格要求。对于已进行资格预审的，投标人应是符合资格预审条件，收到招标人发出投标邀请书的单位；对于未进行资格预审的，应按照相关内容详细规定投标人的资格要求。

⑤费用承担。费用承担应说明投标人准备和参加投标活动发生的费用自理。

⑥保密。要求参加招标投标活动的各方应对招标文件和投标文件中的商业和技术等进

行保密，违者应对由此造成的后果承担其法律责任。

⑦语言文字。要求招标投标文件使用的语言文字为中文。专用术语使用外文的，均应附有中文注释。

⑧计量单位。所有计量均采用中华人民共和国法定的计量单位。

⑨踏勘现场。投标人须知前附表规定组织踏勘现场的，招标人按投标人须知前附表规定的时间、地点组织投标人踏勘项目现场，且投标人踏勘现场产生的费用自理。除招标人的原因外，投标人自行负责在踏勘现场中所产生的人员伤亡和财产损失。

招标人在踏勘现场中介绍的工程场地和相关的周边环境情况，供投标人在编制投标文件时参考时，招标人不对投标人据此作出的判断和决策负责。

《招标投标法实施条例》第28条规定，招标人不得组织单个或者部分潜在投标人踏勘项目现场。

⑩投标预备会。投标人须知前附表规定召开投标预备会的，招标人应按投标人须知前附表规定的时间和地点召开投标预备会，以澄清投标人提出的问题，且投标人应在投标人须知前附表规定的时间前，以书面形式将提出的问题送达招标人，以便于招标人在会议期间澄清。

投标预备会后，招标人在投标人须知前附表规定的时间内，应对投标人所提问题加以澄清，并以书面形式通知所有购买招标文件的投标人。该澄清内容为招标文件的组成部分。

⑪偏离。偏离即《评标委员会和评标方法暂行规定》中的偏差。投标人须知前附表允许投标文件偏离招标文件的某些要求，但偏离应当符合招标文件规定的偏离范围以及幅度。

2）招标文件。招标文件是对招标投标活动具有法律约束力的最主要的文件。投标人须知应阐明招标文件的组成、招标文件的澄清及修改。投标人须知中没有载明具体内容的，不构成招标文件的组成部分，对招标人和投标人不具有约束力。

3）投标文件。投标文件是投标人响应和依据招标文件向招标人发出的要约文件。招标人应在投标须知中对投标文件的组成、投标报价、投标有效期、投标保证金、资格审查资料以及投标文件的编制提出明确要求。

4）投标。投标主要包括：投标文件的密封和标记、投标文件的递交、投标文件的修改和撤回等。

5）开标。开标主要包括：开标时间和地点、开标程序、开标异议等。

6）评标。评标主要包括：评标委员会、评标原则和评标方法等。

7）合同授予。合同授予主要包括：定标方式、中标候选人公示、中标通知、履约担保以及签订合同。

8）纪律和监督。纪律和监督主要包括：对招标人的纪律要求、对投标人的纪律要求、对评标委员会成员的纪律要求、对与评标活动有关的工作人员的纪律要求以及投诉。

9）需要补充的其他内容。需要补充的其他内容见投标人须知前附表。

10）电子招标投标

采用电子招标投标时，应对投标文件的编制、密封和标记、递交、开标、评标等提出具体要求。

11）附表格式。附表格式主要包括招标活动中需要使用的表格文件格式：开标记录表、问题澄清通知、问题的澄清、中标通知书、中标结果通知书，确认通知等。

4. 评标办法

招标文件中"评标办法"主要包括：选择评标方法、确定评审因素和标准以及确定评标程序。其主要内容如下：

（1）选择评标方法

《标准文件》中的评标方法主要包括：经评审的最低投标价法、综合评估法。

（2）评审因素和标准

招标文件应针对初步评审和详细评审分别制定相应的评审因素和标准。

（3）评标程序

评标工作一般包括初步评审、详细评审、投标文件的澄清和说明以及评标结果等具体程序。

1）初步评审。按照初步评审因素和标准评审投标文件、进行废标认定和投标报价算术错误修正。

2）详细评审。按照详细评审因素和标准分析评定投标文件。

3）投标文件的澄清和说明。初步评审和详细评审阶段，评标委员会可采取书面形式要求投标人对投标文件中不明确的内容进行书面澄清和说明或对细微偏差进行补正。

4）评标结果。经评审的最低投标价法，评标委员会按照经评审的评标价格由低到高的顺序推荐中标候选人；对于综合评估法，评标委员会按照得分由高到低的顺序推荐中标候选人，评标委员会按照招标人授权，可以直接确定中标人。评标委员会完成评标后，应当向招标人提交书面评标报告。

5. 合同条款及格式

《合同法》第 275 条规定，施工合同的内容包括工程范围、建设工期、中间交工工程的开工和竣工时间、工程质量、工程造价、技术资料交付时间、材料和设备供应责任、拨款和结算、竣工验收、质量保修范围和质量保证双方相互协作等条款。

《标准文件》中合同附件格式包括合同协议书见表 4-2。

合同协议书格式　　　　　　　　　　　　　　　　　　　表 4-2

合同协议书

_____（发包人名称，以下简称"发包人"）为实施_____（项目名称），已接受_____（承包人名称，以下简称"承包人"）对该项目的投标。发包人和承包人共同达成如下协议。

1. 本协议书与下列文件一起构成合同文件：

（1）中标通知书；

（2）投标函及投标函附录；

（3）专用合同条款；

（4）通用合同条款；

（5）技术标准和要求；

（6）图纸；

（7）已标价工程量清单；

（8）其他合同文件。

2. 上述文件互相补充和解释，如有不明确或不一致之处，以合同约定次序在先者为准。

3. 签约合同价：人民币（大写）_____（¥_____）。4. 合同形式：_____。

5. 计划开工日期：___年___月___日；

计划竣工日期：___年___月___日；工期：_____日历天。

6. 承包人项目经理：_____。

7. 工程质量符合_____标准。

8. 承包人承诺按合同约定承担工程的施工、竣工交付及缺陷修复。

9. 发包人承诺按合同约定的条件、时间和方式向承包人支付合同价款。

10. 本协议书一式____份，合同双方各执___份。

11. 合同未尽事宜，双方另行签订补充协议。补充协议是合同的组成部分。

发包人：_____（盖单位章）　　　承包人：_____（盖单位章）

法定代表人或其委托代理人：____（签字）　　法定代表人或其委托代理人：____（签字）

　　　　　　___年___月___日　　　　　　　　　　　　　___年___月___日

6. 工程量清单

工程量清单是表现拟建工程实体性项目和非实体性项目名称以及相应数量的明细清单，以满足工程建设项目具体量化和计量支付的需要。工程量清单是投标人投标报价和签订合同协议书，是确定合同价格的唯一载体。

通常情况下，工程量清单是根据招标文件中包括的、有合同约束力的图纸以及有关工程量清单的国家标准、行业标准、合同条款中约定的工程量计算规则进行编制的。在约定计量规则中未包括的子目，其工程量应按照有合同约束力的图纸所标示尺寸的理论净量计算，且计量中应采用中华人民共和国法定计量单位。

《标准文件》中工程量清单一般包括：工程量清单说明、投标报价说明、其他说明以及工程量清单（主要包括工程量清单表、计日工表、投标报价汇总表、工程量清单单价分析表）。

工程量清单中的每一子目都须填入单价或价格，并且只允许有一个报价。标价的单价或金额，应包括：所需的人工费、材料和施工机具使用费和企业管理费、利润以及一定范围内的风险费用等。若工程量清单中投标人为填入单价或价格的子目，其费用均视为已分摊在工程量清单中其他相关子目的单价或价格中。

7. 图纸

设计图纸是合同文件的重要组成部分，是编制工程量清单、投标报价的主要依据，也是进行施工、验收的依据。通常招标时的图纸并不是工程所需的全部图纸，在投标人中标后还会陆续颁发新的图纸以及对招标时图纸的修改。因此，在招标文件中，除了附上招标图纸外，还应该列明图纸目录，图纸目录一般应包括：序号、图名、图号、版本、出图日期以及备注等。图纸目录以及相对应的图纸将对施工过程的合同管理以及争议解决发挥至关重要的作用。

8. 技术标准和要求

技术标准和要求是构成合同文件的组成部分。技术标准的内容主要包括：各项工艺指标、施工要求、材料检验标准，以及各分部、分项工程施工成型后的检验手段和验收标准等，有些项目根据所属行业的习惯，也将工程子目的计量支付内容写进技术标准和要求中。由于项目的专业特点和所引用的行业标准的不同，因此不同项目的技术标准和要求也存在区别，同样的一项技术指标，可引用的行业标准和国家标准可能不止一个，招标文件编制者应结合本项目的实际情况加以引用，若没有现成的标准可以引用，有些大型项目还应将其作为专门的科研项目来研究。

9. 投标文件格式

投标文件格式的主要作用是为投标人编制投标文件提供固定的格式和编排顺序，以规范投标文件的编制，同时便于投标委员会评标。

4.4.3 园林工程招标文件的澄清与修改

《招标投标法》第 23 条规定："招标人对已发出的招标文件进行必要的澄清或者修改的，应当在招标文件要求提交投标文件截止时间至少 15 日前，以书面形式通知所有招标文件收受人。该澄清或者修改的内容为招标文件的组成部分。"《招标投标法实施条例》第 21 条对其进行了进一步的说明："招标人可以对已发出的资格预审文件或者招标文件进行必要的澄清或者修改。澄清或者修改的内容可能影响资格预审申请文件或者投标文件编制的，招标人应当在提交资格预审申请文件截止时间至少 3 日前，或者投标截止时间至少 15 日前，以书面形式通知所有获取资格预审文件或者招标文件的潜在投标人；不足 3 日或者 15 日的，招标人应当顺延提交资格预审申请文件或者投标文件的截止时间。"

《招标投标法实施条例》第 22 条规定，潜在投标人或者其他利害关系人对资格预审文件有异议的，应当在提交资格预审申请文件截止时间 2 日前提出；对招标文件有异议的，应当在投标截止时间 10 日前提出。招标人应当自收到异议之日起 3 日内作出答复；作出答复前，应当暂停招标投标活动。

这里的"澄清"，是指招标人对招标文件中的遗漏、词义表述不清或对比较复杂事项进行的补充说明和回答投标人提出的问题。这里的"修改"是指招标人对招标文件中出现的遗漏、差错、表述不清等问题认为必须进行的修订。对招标文件的澄清与修改，应注意以下几点：

1. 招标人有权对招标文件进行澄清与修改

招标文件发出以后，无论出于何种原因，招标人均可以对发现的错误或遗漏，在规定的时间内主动地或在解答潜在投标人提出的问题时进行澄清或者修改，改正差错，避免损失。

2. 澄清与修改的时限

招标人对已发出的招标文件的澄清与修改，按《招标投标法》第 23 条规定，应当在提交投标文件截止时间至少 15 日前通知所有购买招标文件的潜在投标人。

按照《政府采购货物和服务招标投标管理办法》第 28 条规定，对政府采购项目投标和开标截止时间、投标和开标地点的修改，至少应当在招标文件要求提交投标文件的截止时间 3 日前进行，并以书面形式通知所有购买招标文件的收受人。在财政部门指定的政府采购信息发布媒体上发布更正公告。

3. 澄清或者修改的内容的范围

按照《招标投标法》第 23 条关于招标人对招标文件澄清和修改应"以书面形式通知

所招有标文件收受人。该澄清或者修改的内容为招标文件的组成部分"的规定，招标人可以直接采取书面形式，亦可以采用召开投标预备会的方式进行解答和说明，但最终必须将澄清与修改的内容以书面方式通知所有招标文件收受人，而且作为招标文件的组成部分。

4.5 园林工程招标标底编制

标底是指招标人根据招标项目的具体情况，编制的完成招标项目所需的全部费用，是国家规定的计价依据和计价办法计算出来的工程造价。标底是园林招标工程的预期价格，工程施工招标必须编制标底。标底由招标单位自行编制或委托主管部门认定的具有编制标底能力的咨询、监理单位编制。招标人设有标底的招标工程，其标底必须保密，评标组织在评标时应相应的参考标底，标底对评标的过程和结果具有重要的影响。

标底必须报经招标投标管理机构进行审定。标底一经审定则应密封保存，直至开标，所有接触标底的人员均负有保密的责任，不得对外泄露。

4.5.1 园林工程标底的作用

招标制度的本质就是竞争，而价格上的竞争则是投标竞争的最重要因素之一。在国际工程项目招标过程中，尤其是在世行贷款项目中，如果其他各项条件均满足招标文件的要求，大都明确要求价格最低的报价中标。然而目前我国各施工企业大多采用常规的方法施工，拥有专利施工技术、工艺的单位较少，同一资质等级的企业在施工能力方面差异不大。由于我国建筑行业竞争激烈，为防止投标人以低于成本的报价展开恶性竞争，因此，一般工程项目施工招标中大多设置标底，招标标底在招标过程中发挥的作用主要有以下几点：

（1）标底价格可以使发包人预先了解自己在拟建工程中应当承担的经济义务，同样也是发包人筹款、用款的客观依据。

（2）标底价格是发包人选择投标人的参考价格或基准价，是衡量投标单位价格的准绳，是评标的重要尺度，更是决标的重要依据。

4.5.2 园林工程标底文件组成

园林工程招标标底文件主要是指有关标底价格的文件，园林工程招标标底文件主要由标底报审表和标底正文两部分组成。

1. 标底报审表

标底报审表是招标文件和标底正文内容的综合摘要，见表4-3。

标底报审表的内容通常包括以下几点：

（1）招标工程综合说明

招标工程综合说明主要包括：招标工程的名称、报建建筑面积施工质量要求、定额工期、计划工期结构类型、建筑物层数以及计划开工竣工时间等，必要时应附上招标工程（单项工程、单位工程等）一览表。

（2）标底价格

建设单位		工程名称		报建建筑面积/m²		层数		结构类型
标底价格编制单位		编制人员		报审时间	年 月 日	工程类别		

报送标底价格	建筑面积/m²				审定标底价格	建筑面积/m²			
	项　目	单方价/元/m²	合价/元			项　目	单方价/元/m²	合价/元	
	工程直接费合计					工程直接费合计			
	工程间接费					工程间接费			
	利　润					利　润			
	其 他 费					其 他 费			
	税　金					税　金			
	标底价格总价					标底价格总价			
	主要材料总量	钢材/t	木材/m³	水泥/t		主要材料总量	钢材/t	木材/m³	水泥/t

审定意见	审定说明

增加项目	减少项目
小计　　　　　　　　元	小计　　　　　　　　元
合计　　　　　　　元	

审定人		复核人		审定单位盖章	审定时间	年　月　日

标底价格主要包括：招标工程的总造价、单方造价以及钢材、木材、水泥等主要材料的总用量及其单方用量。

（3）招标工程总造价中各项费用的说明：招标工程总造价中各项费用的说明主要包括对包干系数、不可预见费用、工程特殊技术措施费等的说明，以及对增加或减少项目的审定意见和说明。

由于工料单价和综合单价的标底报审表在内容（栏目设置）上存在差异，此处仅以工料单价为例。

2. 标底正文

标底正文是详细反映招标人对工程价格、工期等预期控制数据和具体要求的部分。标底正文的内容一般包括以下几点。

（1）总则

总则主要是用来说明标底编制单位的名称、持有的标底编制资质等级证书、标底编制人员及其执业资格证书、标底具备的条件、编制标底的原则和方法、标底的审定机构、对标底的封存以及保密要求等内容。

（2）标底的要求及其编制说明

标底的要求及其编制说明主要是用来说明招标人在方案、质量、期限、价格、方法、措施等方面的综合性预期控制指标或要求，并且要阐释其依据、包括及不包括的内容、各有关费用的计算方式等。

在标底的要求中，值得注意的是明确各单项工程、单位工程、室外工程的名称、建筑面积、方案要点、质量、工期、单方造价（或技术经济指标）以及总造价，明确钢材、木材、水泥等材料的总用量及单方用量，甲方供应的设备、构件与特殊材料的用量，明确分部与分项直接费、其他直接费、工资及主材的调价、企业经营费、利税取费等。

（3）标底价格计算用表

（4）施工方案及现场条件

施工方案及现场条件主要是用来说明施工方法给定条件、工程建设地点现场条件、临时设施布置及临时用地表等。

4.5.3　园林工程标底文件编制

1. 标底文件编制的依据和要求

（1）根据拟建园林工程的设计图纸及有关资料、招标文件，参照国家规定的技术、经济标准定额及规范，确定工程量和编制标底。

（2）标底价格应由成本、利润、税金三部分组成，通常应控制在批准的总概算及投资包干的限额内。

（3）标底价格作为建设单位的期望计划价，应力求与市场的实际变化相吻合，既要有利于竞争，节省投资，又要保证工程质量。

（4）标底价格中的成本还应充分考虑人工、材料、机械台班、不可预见费、包干费和措施费等价格变动因素。

（5）一个园林工程只能编制一个标底。

2. 标底文件的编制程序

（1）招标文件相关条款（标底计价内容及计算方法、工程量清单、材料设备清单、施工方案或施工组织设计、临时设施布置、临时用地表、工程类别取费标准等）一经确定，即可进入标底价格编制阶段。

（2）编制标底的人员应参加现场勘察和标前答疑会，对招标文件的澄清、修改和补充内容都应在编制标底过程中予以考虑。

（3）编制标底。编制标底的人员应在投标截止日期前适当的时间内完成标底的编制工作，并且应给发包人审核和批准标底留出适当的时间。

（4）审核标底。发包人应结合现场因素、施工图纸、施工方法、施工措施测算明细、材料设备清单、工程量清单、标底价格计算书、标底价格汇总表等多方面材料进行标底审核。审核的内容包括：

①标底价格计价内容。

②标底价格组成内容。

③标底价格相关费用。

（5）在开标前应充分做好标底保密工作。

3. 标底文件编制方法

（1）以施工图预算为基础，根据设计图纸和技术说明，应按相应的估价表或预算定额，计算出工程预期总造价（即标底）。

（2）以最终成品单位造价包干为基础。具体工程的标底以包干为基础，并根据现场条件、工期要求等因素来确定。

（3）复合标底。复合标底就是招标单位不做标底，在参加投标工程或其中某一标段的所有投标单位的标值（即投标工程或其中某一标段的总报价）中，根据投标单位多少，去掉一至两个最高和最低值，然后取其平均值作为标底。若招标单位事先做有标底，在复合标底计算时将其纳入，作为一个标值对待。另一种做法是将投标单位所报标值的平均值，与招标单位做的标底相加，再取平均值作为复合标底。复合标底是在开标后计算得出的，事先具有不确定性，不会出现泄密或人为因素干扰，比较公正、公平、公开，同时也比较符合园林绿化建设的市场行情，近几年在园林绿化工程招投标活动中经常采用。

5 园林工程投标

5.1 园林工程投标程序与主要工作

园林工程项目投标就是投标人（或投标单位）在同意招标人拟定的招标文件的前提下，对市政招标项目提出自己的报价和相应的条件，通过竞争企图为招标人选中的一种交易方式。这种方式是投标人之间通过直接竞争，在规定的期限内以比较合适的条件达到招标人所需的目的。

5.1.1 园林工程投标程序

建筑工程投标的程序通常可分为投标准备工作、投标的组织工作和投标的后期工作三个阶段，而具体来说共有九个方面，如图 5-1 所示。

1. 建筑企业根据招标公告或投标邀请书，向招标人提交有关资格预审资料

我国建设工程招标中，通常在允许投标人参加投标前都要进行资格审查，并且投标人的申报资格审查，应当严格按照招标公告或投标邀请书的要求，向招标人提供有关资料。经招标人审查后，报建设工程招标投标管理机构复查。复查合格后，方可具有参加投标的资格。

但资格审查的具体内容和要求是有所区别的。公开招标一般要按照招标人编制的资格预审文件进行资格审查。邀请招标一般是通过对投标人按照投标邀请书的要求提交或出示的有关文件和资料进行验证，确认所掌握的有关投标人的情况是否可靠、有无变化。

2. 接受招标人的资格审查

3. 购买招标文件及有关技术资料

4. 组织投标班子并委托投标代理人

5. 参加现场踏勘，并对有关疑问提出书面询问

投标人拿到招标文件后，应进行全面、细致的调查研究。若有问题应在收到招标文件后的 7d 内以书面形式向招标人提出。为及时获取与编制投标文件有关的重要信息，投标人应按照招标文件中注明的时间按时参加现场勘察和投标预备会。所以，现场踏勘是投标人编制、递交投标文件前必须参加的一个重要的准备工作，投标人必须高度重视。

6. 参加投标答疑会

投标预备会又被称为答疑会、标前会议，通常在勘察现场的 1~2d 内由招标人举行。答疑会的目的主要是解答投标人对招标文件和现场中提出的各种问题，并对图纸交底和解释。

7. 编制投标书及报价

投标书是投标人的投标文件，是对招标文件提出的要求和条件作出实质性响应的文

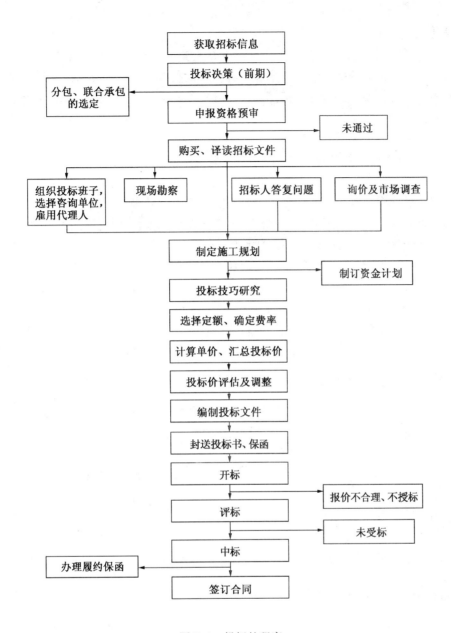

图 5-1　投标的程序

本。经过现场踏勘和投标预备会后，投标人可以着手编制投标文件。投标人编制和递交投标文件的具体步骤和要求如下：

（1）结合现场踏勘和投标预备会的结果，进一步分析招标文件。

（2）校核招标文件中的工程量清单。

（3）根据工程类型编制施工规划或施工组织设计。

（4）根据工程价格构成进行工程估价，确定利润方针，计算和确定报价。

（5）形成、制作投标文件。

（6）递送投标文件。

8. 参加开标会议

参加开标会议对投标人来说，既是权利也是义务。投标人在编制、递交了投标文件后，应积极准备并出席开标会议。不参加开标会议的投标人，视为弃权，其投标文件将不予启封，不予唱标，不允许参加评标。投标人参加开标会议，应注意其投标文件是否被正确启封、宣读，对于被错误地认定为无效的投标文件或唱标出现的错误，投标人应当场提出异议。

9. 如果中标，接受中标通知书，与招标人签订合同

经过评标，被确定为中标人的投标人应接受招标人发出的中标通知书。未中标的投标人有权要求招标人退还其投标保证金。中标人收到中标通知书后，应在规定的时间及地点与招标人签订合同。在合同正式签订之前，应先将合同草案报招标投标管理机构审查。经审查通过后，中标人与招标人应在规定的期限内签订合同，并按照招标文件的要求，提交履约保证金或履约保函。同时招标人还应退还中标人的投标保证金。若中标人拒绝在规定的时间内签订合同和提交履约担保，招标人可报请招标投标管理机构批准同意后取消其中标资格，并按规定不退还其投标保证金，并考虑在其余投标人中重新确定中标人，并与之签订合同，或重新招标。中标人与招标人正式签订合同后，应按要求将合同副本送至有关主管部门备案。

5.1.2　园林工程投标主要工作

投标过程主要是指从投标人填写资格预审申报资格预审时开始，至将正式投标文件递交招标人为止所进行的全部工作。招标过程中通常需要完成以下工作：

1. 投标初步决策

企业管理层分析工程类型、中标概率、盈利情况决定是否参与投标。

2. 成立投标团队

投标团队的成员主要包括：经营管理类人才、专业技术人才、财经类人才。

3. 参加资格预审，购买标书

投标企业按照招标公告或投标邀请函的要求向招标企业提交相关资料。资格预审通过后，购买投标书及工程资料。

4. 参加现场踏勘和投标预备会

现场踏勘是指招标人组织投标人对项目实施现场的地理、地质、气候等客观条件和环境进行的现场调查。

5. 进行工程所在地环境调查

主要进行自然环境和人文环境调查，了解拟建工程当地的风土人情、经济发展情况以及建筑材料的采购运输等。

6. 编制施工组织设计

施工组织设计是针对投标工程具体施工中的具体设想和安排，主要有人员机构、施工机具、安全措施、技术措施、施工方案以及节能降耗措施等。

7. 编制施工图预算

根据招标文件的规定，详实认真地作出施工图预算，仔细核对，确保其无误，并注意保密，供决策层参考。

8. 投标最终决策

企业高层根据收集到的招标人情况、竞争环境、主观因素、法律法规以及招标条件等信息，作出最终投标报价和响应性条款的决策。

9. 投标书成稿

投标团队汇总所有投标文件，按照招标文件的规定整理成稿，并检查遗漏和瑕疵。

10. 标书装订和密封

对已经成稿的投标书进行美工设计，装订成册，按照商务标和技术标分开装订。为了保守商业秘密，应在商务标密封前由企业高层手工填写决策后的最终投标报价。

11. 递交投标书、保证金，参加开标会

《招标投标法》规定投标截止时间即是开标时间。为了投标顺利，通常的做法是在投标截止时间前 1~2 个小时递交投标书及投标保证金，然后准时参加开标会议。

5.2 园林工程投标决策与技巧

5.2.1 园林工程投标决策

园林工程投标策略是指园林工程承包商为了达到中标目的而在投标进程中所采用的手段和方法。其主要方法有：知彼知己，把握形势；以长制短，以优胜劣；随机应变，争取主动。

投标策略是能否中标的关键，也是提高中标效益的基础。投标企业首先根据企业的内外部情况及项目情况慎重考虑，作出是否参与投标的决策，然后选用合适的投标策略。

常见投标策略有以下几种：

（1）做好施工组织设计，采取先进的工艺技术和机械设备；优选各种植物及其他造景材料；合理安排施工进度；选择可靠的分包单位，力求最大限度地降低工程成本，以技术与管理优势取胜。

（2）尽量采用新技术、新工艺、新材料、新设备、新施工方案，以降低工程造价，提高施工方案的科学性，赢得投标。

（3）投标报价是投标策略的关键。在保证企业相应利润的前提下，实事求是地以低报价取胜。

（4）为争取未来的市场空间，宁可目前少赢利或不赢利，以成本报价在招标中获胜，为今后占领市场打下基础。

5.2.2 园林工程投标报价技巧

园林工程投标报价技巧是指园林工程承包商在投标过程中所形成的各种操作技能和诀窍。园林工程投标活动的关键和核心是报价，因此，园林工程投标报价的技巧至关重要。常见的投标报价技巧主要有：

1. 扩大标价法

扩大标价法是指除按正常的已知条件编制标价外，对工程中变化较大或没有把握的工作项目，采用增加不可预见费的方法，扩大标价，以减少风险。这种做法的优点是中标价即为结算价，减少了价格调整等麻烦，而缺点则是总价过高。

2. 不平衡报价方法

不平衡报价方法（前重后轻法）是指在总报价基本确定的前提下，调整内部各个子项的报价，以达到既不影响总报价，又在中标后满足资金周转的需要，获得较理想的经济效益。其做法通常为：

（1）对预计今后工程量可能会增加的项目，单价可适当报高些，而对于工程量可能减少的项目，单价可适当报低些。

（2）对能早日结账收回工程款的土方、基础等前期工程项目，单价可适当报高些，而对水电设备安装、装饰等后期工程项目，单价可适当报低些。

（3）对设计图纸内容不明确或有错误，估计修改后工程量要增加的项目，单价可适当报高些，而对工程内容明确的项目，单价可适当报低些。

（4）对没有工程量只填单价的项目，或招标人要求采用包干报价的项目，单价宜报高些，而对其余的项目，单价可适当报低些。

（5）对暂定项目（任意项目或选择项目）中实施的可能性大的项目，单价可报高些，而对预计不一定实施的项目，单价可适当报低些。

3. 突然降价法

突然降价法是指为迷惑竞争对手而采用的一种竞争方法。其通常的做法是，在准备投标报价的过程中预先考虑好降价的幅度，然后有意散布一些假情报，在临近投标截止日期前，突然前往投标，并降低报价，以达到战胜竞争对手的目的。

4. 多方案报价法

承包商决定采用多方案报价法，通常有以下两种情况：

（1）如发现设计图纸中存在某些不合理并可以改进的地方，可以利用某项新技术、新工艺、新材料替代的地方，或者发现自己的技术和设备满足不了招标文件中设计图纸的要求，可以先按设计图纸的要求报一个价，然后再另附上一个修改设计的比较方案或说明在修改设计的情况下，报价可降低多少。此类情况通常也称作修改设计法。

（2）若发现招标文件中的工程范围很不具体、很不明确，条款内容很不清楚、很不公正或对技术规范的要求过于苛刻，可先按招标文件中的要求报个价，然后再说明若招标人对合同要求作某些修改，报价的可调整范围。

5.3 园林工程投标文件编制

5.3.1 园林工程投标文件内容

园林工程建设工项目投标文件一般主要包括两部分：一是商务标；二是技术标。

《招标投标法》第27、第30条对投标文件规定，投标人应当按照招标文件的要求编制投标文件。投标文件应当对招标文件提出的实质性要求和条件作出响应。招标项目属于建设施工的，投标文件的内容应当包括拟派出的项目负责人与主要技术人员的简历、业绩和拟用于完成招标项目的机械设备等。投标人根据招标文件载明的项目实际情况，拟在中标后将中标项目的部分非主体、非关键性工作进行分包的，应当在投标文件中载明。

按此原则，国务院有关部门对不同类型项目的投标文件内容及构成进行了具体规定。

1. 招标文件内容

（1）投标函及投标函附录。

（2）法定代表人身份证明或附有法定代表人身份证明的授权委托书。

（3）联合体协议书。

（4）投标保证金或保函。

（5）已标价工程量清单。

（6）施工组织设计。

（7）项目管理机构（施工组织机构表和主要管理人员简历）。

（8）拟分包项目情况表。

（9）资格审查资料。

（10）投标人须知前附表规定的其他材料。

以上投标文件的内容、表格等全部填写完毕后，即将其密封，按照招标人在招标文件中指定的时间、地点递送。

2. 商务标的内容

商务标分为商务文件和价格文件。商务文件是用来证明投标人是否履行合法手续及招标人用来了解投标人商业资信、合法性的文件。而价格文件是与投标人的投标报价相关的文件。商务标的内容主要包括以下几点：

（1）投标函及投标函附录

1）投标函。投标函是指按照招标文件的要求，投标人向招标人或招标代理单位所致信函。其一般按照招标文件中所给的标准格式填写，主要内容为对此次招标的理解和对有关条款的承诺。最后，在落款处加盖企业法人印鉴和法定代表人或其委托代理人印鉴。

2）投标函附录。其内容主要为投标函中未体现的、招标文件中有要求的条款。

（2）法定代表人身份证明书

法定代表人身份证明书可采用营业执照或按招标文件要求的格式填写。

（3）投标文件授权委托书

法定代表人授权企业内部人员代表其参加有关此项目的招标活动，以书面形式下达，这样，代理人员就可以代表企业法定代表人签署有关文件，并具有法律效应。

（4）投标保证金

明确投标保证金的支付时间、支付金额及责任。

（5）已标价工程量清单（或单位工程预算书）

按照招标文件的要求以工程量清单报价形式或工程预算书形式详细表述组成该工程项目的各项费用总和。

（6）资格审查资料

为向招标人方证明企业有能力承担该项目施工的证据，展示企业的实力和社会信誉。《标准施工招标文件》中资格审查资料应包括：投标人基本情况表、近年财务状况表、近年完成的类似项目情况表、正在实施的以及新承接的项目情况表、其他资格审查资料。

3. 技术标的内容

在工程建设投标中，技术文件即施工组织建议书。技术文件应包括全部施工组织设计内容。该文件用来评价投标人的技术实力和经验的标识。而对投标人而言，则是投标人中标后的项目施工组织方案。技术复杂的项目对技术文件的编写内容及格式均有详细的要求，投标人应当认真按照要求编制。

（1）施工组织设计

投标人编制施工组织设计的要求主要有以下几点：

1）编制时应简明扼要地说明施工方法、工程质量、安全生产、文明施工、环境保护、冬雨期施工、工程进度、技术组织等主要措施。

2）以图表形式阐明该项目的施工总平面、进度计划以及拟投入主要施工设备、劳动力、项目管理机构等。

（2）项目管理机构

一般要求投标企业把对拟投标工程的管理机构以表格的形式表达出来。通常需要编制项目管理机构组成表以及项目经理简历表，其目的主要是考察投标人的实力及拟担任管理人员的以往业绩。

5.3.2 投标文件的编制

（1）投标文件应按招标文件和《标准施工招标文件》（2007 年版）"投标文件格式"进行编写，若有必要可以适当增加附页，作为投标文件的组成部分，其中，投标函附录在满足招标文件实质性要求的基础上，可以提出比招标文件要求更有利于招标人的承诺。

（2）投标文件应当对招标文件有关的工期、投标有效期、质量要求、技术标准和要求以及招标范围等实质性内容作出响应。

（3）投标文件应用不褪色的材料书写或打印，并由投标人的法定代表人或其委托代理人签字或盖单位章。若为委托代理人签字，其投标文件应附法定代表人签署的授权委托书。投标文件应尽量避免涂改、行间插字或删除，若出现上述情况，改动之处应加盖单位章或由投标人的法定代表人或其授权的代理人签字确认。

（4）投标文件正本一份，副本份数见投标人须知前附表。正本和副本的封面上应清楚地标记"正本"或"副本"的字样。当副本和正本出现不一致时，应以正本为准。

（5）投标文件的正本与副本应分别装订成册，并编制目录。

5.3.3 投标文件的修改与撤回

投标文件的修改是指投标人对投标文件中遗漏和不足部分进行增补，对已有的内容进行修订。而投标文件的撤回是指投标人收回全部投标文件、放弃投标或以新的投标文件重新投标。

投标文件的修改或撤回必须在投标文件递交截止时间之前进行。《招标投标法》第29条规定："投标人在招标文件要求提交投标文件的截止时间之前，可以补充、修改或者撤回已提交的投标文件，并书面通知招标人。"投标人修改或撤回已递交投标文件的书面通知应按照要求签字或盖章。招标人收到书面通知后，向投标人出具签收凭证。修改的内容为投标文件的组成部分。修改的投标文件应按照规定进行编制、密封、标记和递交，并标明"修改"字样。投标截止时间之后至投标有效期满之前，投标人对投标文件的任何补充、修改，招标人不予接受。投标人撤回投标文件的，招标人自收到投标人书面撤回通知之日起 5 日内退还已收取的投标保证金。

5.3.4　投标文件的包装与投送

1. 密封与标记

（1）投标文件应进行包装、加贴封条，并在封套的封口处加盖投标人单位章。

（2）投标文件封套上应写明的内容见投标人须知前附表。

（3）未按规定要求密封和加写标记的投标文件，招标人应予拒收。

2. 投标文件的送达与签收

《招标投标法》第 28 条规定："投标人应当在招标文件要求提交投标文件的截止时间前，将投标文件送达投标地点。招标人收到投标文件后，应当签收保存，不得开启。""在招标文件要求提交投标文件的截止时间后送达的投标文件，招标人应当拒收。"

（1）投标文件的送达

对于投标文件的送达，应注意以下几个问题：

1）投标文件的提交截止时间。招标文件中通常会明确规定投标文件提交的时间，投标文件必须在招标文件规定的投标截止时间之前送达。

2）投标文件的送达方式。投标人递送投标文件的方式可以是直接送达，即投标人派授权代表直接将投标文件按照规定的时间和地点送达，也可以通过邮寄方式送达。邮寄方式送达应以招标人实际收到时间为准，而不是以"邮戳为准"。

3）投标文件的送达地点。投标人应严格按照招标文件规定的地址送达，特别是采用邮寄送达方式。投标人因递交地点发生错误而逾期送达投标文件的，将被招标人拒绝接收。

（2）投标文件的签收

投标文件按照招标文件的规定时间送达后，招标人应签收保存。《工程建设项目施工招标投标办法》第 38 条规定："招标人收到投标文件后，应当向投标人出具标明签收人和签收时间的凭证，在开标前任何单位和个人不得开启投标文件。"

（3）投标文件的拒收

若投标文件逾期送达、未送达指定地点或未按招标文件要求密封，招标人有权拒绝受理。

6 园林工程开标、评标与定标

6.1 园林工程开标

园林工程开标是指在园林工程施工项目招标投标活动中，由招标人主持、邀请所有投标人和行政监督部门或公证机构人员参加的情况下，在招标文件预先约定的时间和地点当众对投标文件进行开启和宣读的法定流程。

6.1.1 开标的时间和地点

《招标投标法》第34条规定，开标应当在招标文件确定的提交投标文件截止时间的同一时间公开进行；开标地点应当为招标文件中预先确定的地点。

《招标投标实施条例》第44条规定，招标人应当按照招标文件规定的时间、地点开标。投标人少于3个的，不得开标；招标人应当重新招标。投标人对开标有异议的，应当在开标现场提出，招标人应当当场作出答复，并制作记录。

1. 开标时间

开标时间及提交投标文件截止时间应为同一时间，其时间应具体确定到某年某月某日的几时几分，并应在招标文件中明示。

招标人和招标代理机构必须按照招标文件中的规定，按时开标，不得擅自提前或拖后开标，更不能不开标就进行评标。

2. 开标地点

开标地点可以是招标人的办公地点或指定的其他地点，且开标地点应在招标文件中具体明示。开标地点应具体确定到要进行开标活动的房间，以便于投标人和有关人员准时参加开标。

3. 开标时间和地点的修改

若招标人需要修改开标的时间和地点，则应以书面形式通知所有招标文件的收受人。招标文件的澄清和修改均应在通知招标文件收受人的同时，报工程所在地的县级以上地方人民政府建设行政主管部门备案。

6.1.2 开标的参与人

1. 主持人

由于只有招标人主持开标，对所有投标人才是公正的，因此，开标由招标人主持，招标代理机构也可以代理招标人主持。

2. 参加人

所有投标人和其他有关单位（招标投标监督机构、公证机构、监审机构等）的代表均为参加人，且投标人或其代表出席开标会是他们的法定权利。

6.1.3 开标的程序和主要内容

《招标投标法》第36条规定，开标时，由投标人或者其推选的代表检查投标文件的密封情况，也可以由招标人委托的公证机构检查并公证；经确认无误后，由工作人员当众拆封，宣读投标人名称、投标价格和投标文件的其他主要内容。招标人在招标文件要求提交投标文件的截止时间前收到的所有投标文件，开标时都应当当众予以拆封、宣读。开标过程应当记录，并存档备查。

1. 开标程序

（1）主持人通常按下列程序进行开标：

1）宣布开标纪律。

2）公布在投标截止时间前递交投标文件的所有投标人名称，并点名确认投标人是否派人到场。

3）宣布开标人、唱标人、记录人、监标人等有关人员姓名。

4）按照投标人须知前附表规定检查投标文件的密封情况。

5）按照投标人须知前附表的规定确定并宣布投标文件开标顺序。

6）设有标底的，公布标底。

7）按照宣布的开标顺序当众开标，公布投标人名称、投标保证金的递交情况、投标报价、质量目标、工期及其他内容，并记录在案。

8）规定最高投标限价计算方法的，计算并公布最高投标限价。

9）投标人代表、招标人代表、监标人、记录人等有关人员在开标记录上签字确认。

10）主持人宣布开标会议结束，进入评标阶段。

（2）具有下列情况之一者，其投标文件可判为无效，并不能进入评标阶段：

1）投标文件未按照招标文件的要求予以密封。

2）投标文件中的投标函未加盖投标人的企业及企业法定代表人印章，或者企业法定代表人委托代理人没有合法、有效的委托书及委托代理人盖章。

3）投标文件的关键内容字迹模糊、无法辨认。

4）投标人未按照招标文件的要求提供投标保函或者投标保证金。

5）投标文件未按规定的时间、地点送达。

6）组成联合体投标，其投标文件却未附联合体各方共同投标协议。联合体各方必须指定牵头人，授权其代表所有联合体成员负责投标和合同实施阶段的主办、协调工作，并应向招标人提交由所有联合体成员法定代表人签署的授权书。此外联合体投标，应当在联合体各方或者联合体中牵头人的名义提交投标保证金。以联合体中牵头人名义提交的投标保证金，对联合体各成员具有约束力。

2. 开标的主要内容

（1）密封情况检查

由投标人或者其推选的代表，当众检查投标文件密封情况。若招标人委托了公证机构对开标情况进行公证，也可以由公证机构检查并公证。若投标文件未密封或存在拆开过的痕迹，则不能进入后续的程序。

（2）拆封

招标人或者其委托的招标代理机构的工作人员，应当对所有在投标文件截止时间之前收到的合格的投标文件，在开标现场当众拆封。

（3）唱标

招标人或者其委托的招标代理机构的工作人员应当根据法律规定和招标文件要求进行唱标，即宣读投标人名称、投标价格和投标文件的其他主要内容。

（4）记录并存档

招标人或者其委托的招标代理机构应当场制作开标记录，记载开标时间、地点、参与人、唱标内容等情况，并由参加开标的投标人代表签字确认，开标记录应作为评标报告的组成部分存档备查。

6.2 评标

园林工程评标是指按照规定的评标标准和方法，对各投标人的投标文件进行评价比较和分析，从中选出最佳投标人的过程。评标是招标投标活动中十分重要的阶段，评标决定着整个招标投标活动的公平和公正与否。评标的质量决定着能否从众多投标竞争者中选出最能满足招标项目各项要求的中标者。

6.2.1 评标机构

1. 评标专家

《招标投标法》第37条规定，评标专家应当从事相关领域工作满8年并具有高级职称或者具有同等专业水平，由招标人从国务院有关部门或者省、自治区、直辖市人民政府有关部门提供的专家名册或者招标代理机构的专家库内的相关专业的专家名单中确定。评标委员会成员的名单在中标结果确定前应当保密。

《招标投标法实施条例》第45条规定，国家实行统一的评标专家专业分类标准和管理办法。具体标准和办法由国务院发展改革部门会同国务院有关部门制定。省级人民政府和国务院有关部门应当组建综合评标专家库。

具有下列情形之一者，不得担任评标委员会成员：

（1）投标人或投标人主要负责人的近亲属。

（2）项目主管部门或者行政监督部门的人员。

（3）与投标人有经济利益关系，可能影响对投标公正评审。

（4）曾因在招标、评标以及其他与招标投标有关活动中从事违法行为而受过行政处罚或刑事处罚。

（5）评标委员会成员与投标人有利害关系的应主动回避。

《招标投标实施条例》第48条中规定，评标过程中，评标委员会成员有回避事由、擅离职守或者因健康等原因不能继续评标的，应当及时更换。被更换的评标委员会成员作出的评审结论无效，由更换后的评标委员会成员重新进行评审。

2. 评标委员会

《招标投标法》第37条规定，依法必须进行招标的项目，其评标委员会由招标人的代表和有关技术、经济等方面的专家组成，成员人数为 5 人以上单数，其中技术、经济等方面的专家不得少于成员总数的 2/3。

评标委员会独立评标，是我国招标投标活动中重要的法律制度。评标委员会不是常设机构，需要在每个具体的招标投标项目中，临时依法组建。招标人是负责组建评标委员会的主体。实际招标投标活动中，也有招标人委托其招标代理机构承办组建评标委员会具体工作的情况。依法必须招标的项目，评标委员会由招标人的代表和有关技术、经济等方面的专家组成。

《招标投标法》第 37 条规定："与投标人有利害关系的人不得进入相关项目的评标委员会；已经进入的应当更换。"对不同类别的项目，相关部门规章对不得担任评标委员会成员的情况作了更具体的规定。根据《评标委员会和评标方法暂行规定》的规定，有下列情形之一的，不得担任评标委员会成员，应当主动提出回避：

（1）投标人或者投标人主要负责人的近亲属。

（2）项目主管部门或者行政监督部门的人员。

（3）与投标人有经济利益关系，可能影响对投标公正评审的。

（4）曾因在招标、评标以及其他与招标投标有关活动中从事违法行为而受过行政处罚或刑事处罚的。

评标委员会成员应当依照《招标投标法》和《招标投标法实施条例》的规定，按照招标文件规定的评标标准和方法，客观、公正地对投标文件提出评审意见。招标文件没有规定的评标标准和方法不得作为评标的依据。

评标委员会成员不得私下接触投标人，不得收受投标人给予的财物或者其他好处，不得向招标人征询确定中标人的意向，不得接受任何单位或者个人明示或者暗示提出的倾向或者排斥特定投标人的要求，不得有其他不客观、不公正履行职务的行为。

6.2.2 评标工作内容

评标委员会评议的内容通常可以分为两段三审。两段是指初审和终审。初审即为对投标文件进行符合型评审、技术评审和商务评审，筛选出若干具备授标资格的投标文件。终审是指对初审择选出的若干具备授标资格的投标文件进行综合评价与比较分析，最终确定出中标候选人。三审是指对投标文件进行的符合性评审、技术评审和商务评审。三审一般发生在初审阶段。

1. 投标文件的符合性评审

符合性评审是指检查投标文件是否实质上响应招标文件的要求。实质上响应的含义则是指投标文件与招标文件的所有条件、规定相符，无显著差异或保留。显著的差异或保留是对工程的范围、质量及使用性能产生实质性影响。偏离了招标文件的要求，对合同中规定的业主的权利或者投标人的义务造成实质性的变动。

符合性评审的内容一般应包括以下几点：

（1）投标文件的有效性

1）未经资格预审的项目，在评标前应进行资格审查。若已经进行资格预审，则要审查投标人是否与资格预审名单一致。递交的投标保函或投标保证金是否符合招标文件的规定。如果以标底衡量有效性，审查投标报价是否在规定的范围内。

2）投标文件是否包括了投标人的法人资格证书及投标负责人的投标授权委托书。如果是联合体，是否提交了合格的联合体协议书以及投标负责人的授权委托书。

（2）投标文件的完整性。投标文件是否包括了招标文件规定的应该递交的全部文件。若缺少其中任意一项内容，则都无法进行客观、公正的评价，只能按废标处理。如所招标文件要求投标人提交施工进度计划外，还要编制分月的劳动力安排计划和施工机具配置，若缺少任何一项则在后续阶段的评审中都无法对该投标文件进行合理的比较。

（3）投标文件与招标文件的一致性。一致性指投标文件在实质上应响应招标文件的要求，即无实质性背离。实质上响应招标文件的要求是指其投标文件应该与招标文件的所有条款、条件和规定相符，无显著差异或保留。

2. 投标文件的技术评审

技术评审的目的是确认和比较投标人完成招标项目的技术能力以及他们的施工方案的可靠性。技术评审的主要内容包括以下几点：

（1）技术方案的可行性

对各类分部分项工程的施工方法、施工人员和施工机械设备的配备、施工现场的布置和临时设施的安排、施工顺序及其相互衔接等方面的评审，特别是对该项目的关键工序的施工方法进行可行性论证。

（2）施工进度计划的可靠性

审查施工进度计划是否满足竣工时间的要求，是否科学合理、切实可行，还要审查保证施工进度计划的措施，如施工机具、劳务的安排是否合理。

（3）施工质量的保证

审查投标文件中提出的质量控制和管理措施，包括质量管理人员的配备、质量检测仪器的配置和质量管理制度。

（4）工程材料和机器设备供应的技术性能

审查主要材料和设备的样本、型号、规格和制造厂家名称、地址等，判断其技术性能是否达到设计标准。

（5）分包商的技术能力和施工经验

若投标人拟在中标后将中标项目的部分工作分包给他人完成，应当在投标文件中载明；应审查拟分包的工作是否非主体、非关键性工作；审查分包人是否具备应当具备的资格条件、完成相应工作的能力和经验。

（6）建议方案的可行性

如果招标文件中规定可以提交建议方案，应对投标文件中的建议方案的技术可靠性与优缺点进行评估，并与原招标方案进行对比分析。

3. 投标文件的商务评审

商务评审的目的是从成本、财务和经济分析等方面评审投标报价的准确性、合理性及可靠性等，同时估量出授标给各投标人后的不同经济效果。商务评审在整个评标工作中通常占有非常重要的地位。商务评审的主要内容有以下几点：

（1）报价构成分析。

用标底价与标书中各单项合计价、各分项工作内容的单价及总价进行比照分析，对差异比较大的地方找出其产生的原因，从而评定报价是否合理。

（2）分析不平衡报价的变化幅度。

虽然允许投标人为了解决前期施工中资金流通的困难而采用不平衡的报价法投标，但不允许有严重的不平衡报价，否则会过大地提高前期工程的付款要求。

（3）资金流量的比价和分析。

审查其所列数据的依据，进一步复核投标人的财务实力和资信可靠程度；审查支付计划中预付款和滞留金的安排与招标文件是否一致；分析投标人资金流量和其施工进度之间的相互关系；分析投标人资金流量的合理性。

（4）分析投标人提出的财务或付款方面的建议和优惠条件，并估计接受其建议的利弊，特别是接受财务方面的建议后可能导致的风险。

4. 投标文件的综合评价与比较分析

对初步评审合格的投标文件，评标委员会应当根据招标文件确定的评标原则、标准和方法进行综合评价和比较分析，从而评定出优劣次序，选定中标候选人。常采用的方法有评标价法和综合评分法。

评标委员会完成评标后，应当向招标人提出书面评标报告，并推荐合格的按名次排序的中标候选人 1~3 人，亦可按照招标人的委托，直接确定中标人。

6.2.3　评标方法

根据《评标委员会和评标方法暂行规定》、《工程建设项目施工招标投标办法》等规定，评标方法分为经评审的综合评估法、评标价法及法律法规允许的其他评标方法。

1. 综合评估法

根据综合评估法，最大限度地满足招标文件中规定的各项综合评价标准的投标，则应当推荐为中标候选人。

工程建设项目勘察设计招标项目，根据《工程建设项目勘察设计招标投标办法》规定，一般应采取综合评估法进行。

衡量投标文件是否最大限度地满足招标文件中规定的各项评价标准，可以采取折算为货币的方法、打分的方法或者其他方法。需量化的因素及其权重应当在招标文件中明确规定。评标委员会对各个评审因素进行量化分析时，应当将量化指标建立在同一基础或者同一标准上，使各投标文件具有可比性。对技术部分和商务部分量化后，计算出每一投标的综合评估价或者综合评估分。

《房屋建筑和市政基础设施工程施工招标投标管理办法》规定，采用综合评估法的，应当对投标文件提出的工程质量、施工工期、投标价格、施工组织设计或者施工方案、投标人及项目经理业绩等，能否最大限度地满足招标文件中规定的各项要求和评价标准进行评审和比较。以评分方式进行评估的，对于各种评比奖项不得额外计分。

2. 评标价法

评标价法是指评审过程中以该投标文件的报价为基数，将预定的报价之外需要评定的要素按预先规定的折算办法换算为货币价值，按照投标书对招标人有利或不利的原则，在其报价上增加或扣减一定金额，最终构成评标价格。评审价格最低的投标文件为最优投标文件。

由于评审内容中有些项目是直接用价格（元）表示的，但也有某些要素的基本单位不是价格，如工期的单位是月（或日），因此，需要用一定的方法将其折算为价格，以便于在投标价上予以增减。可以折算成价格的评审要素一般包括以下几点：

（1）扣减超前收益

投标文件承诺的工期提前可能给项目带来的超前收益，以月为单位按预定计算规则折算为相应的货币值，从该投标人的报价内扣减此值。

（2）增加漏项报价

实施过程中必然发生但投标文件又明显漏项的部分，给予相应的补项，增加到报价上去。

（3）扣减技术建议带来的增加值

技术建议可能带来的实际经济效益按预定的比例折算后减去该值。

（4）增加预付款资金少付的利息

投标书内提出的优惠条件可能给招标人带来的好处，以开标日为准，按一定的方法折算后，作为评审价格因素之一。

（5）其他增加

对其他可以折算为价格的要素，按照对招标人有利或不利的原则增加或减少到投标报价上去。

6.3　定标与签订合同

6.3.1　定标

招标人根据评标委员会提出的书面评标报告和推荐的中标候选人，确定中标人的过程为定标（也可以由评标委员会按照招标人的委托，直接确定中标人）。

1. 中标条件

中标人的投标文件应符合以下任一条件：

（1）综合评价最佳

综合评价最佳者又可称为能够最大限度地满足招标文件中所规定的各项综合评价标准者。它是指按照价格标准和非价格标准对投标文件进行总体评估和比较，以能够最大限度地满足招标文件所规定的各项要求的投标。这一条件侧重于投标文件的技术部分和商务部分的综合考量。

（2）经评审的投标价格最低

经评审的投标价格最低不是指以投标人的名义报价中的最低者，而是符合招标文件中规定的各项综合评价标准后报价的最低者。此处最低投标价格，不得低于投标人自身的成本价格，但可以低于社会平均成本。

2. 确定中标人

（1）中标候选人与中标人

强制招标项目中标人的顺序确定。使用国有资金投资或者国家融资的项目，招标人应当确定排名第一的中标候选人为中标人。排名第一的中标候选人放弃中标、因不可抗力提出不能履行合同或者招标文件规定应当提交履约保证金而在规定的期限内未能提交的，招标人可以确定排名第二的中标候选人为中标人。排名第二的中标候选人因前述同样原因不能签订合同的，招标人可以确定排名第三的中标候选人为中标人。招标人还可以授权评标委员会直接确定中标人。强制招标项目如国务院对中标人的确定另有规定的，从其规定。

对依法必须强制招标项目以外的其他项目，招标人可以不受评标委员会排定的中标候选人顺序的限制。

（2）核发中标通知书

中标人确定后，招标人应向中标人发出中标通知书，且中标通知书的实质内容应当与中标人投标文件的内容相一致。

招标人有义务将中标结果通知所有的未中标人。中标人确定后，招标人应于 15 日内向工程所在地的县级以上地方人民政府建设行政主管部门提交施工招标情况的书面报告。建设行政主管部门自收到书面报告之日起 5 日内，未通知招标人在招投标活动中有违法行为的，招标人将向中标人发出《中标通知书》，同时将中标结果通知所有未中标的投标人。

《招投标法》第 24 条规定：中标通知书对招标人和中标人具有法律效力。中标通知书发出后，招标人改变中标结果的，或者中标人放弃中标项目的，应当依法承担法律责任，给招标人造成的损失超过投标保证金数额的，应当对超过部分予以赔偿。招标人无正当理由不与中标人签订合同，给中标人造成损失的，招标人应当给予赔偿。

6.3.2　签订合同

《招标投标法》第 46 条规定，招标人和中标人应当自中标通知书发出之日起 30 日内，按照招标文件和中标人的投标文件订立书面合同。招标人和中标人不得再行订立背离合同实质性内容的其他协议。

在规定的期限内签订合同，一方面可以弥补中标通知书过于简单的缺陷，另一方面可以将招标文件和投标文件中规定的有关实质性内容（包括对招标文件和投标文件所做的澄清、修改等内容）进一步明晰化和条理化，并以合同形式统一固定下来，有利于明确双方的权利以及主义务关系，确保合同的履行。

签约前招标人与中标人还要进行决标后的谈判，但不得再行订立违背合同实质性内容的其他协议。在决标后的谈判中，若中标人拒签合同，招标人有权没收其投标保证金，然后再与其他人签订合同。招标人与中标人双方签订的书面合同，仅仅是将招标文件和投标文件的规定、条件和条款以书面合同的形式固定下来，招标文件和投标文件是该合同的依据。因此，订立书面合同，不得要求投标人承担招标文件以外的任务或修改投标文件的实质性内容，更不能背离合同实质性内容另外签订协议，否则合同（协议）应为无效。

招标人与中标人签署施工合同后，对未中标的投标人也应当发出落标通知书，并退还他们的投标保证金，至此，投标工作结束。

7 园林工程结算与竣工决算

7.1 园林工程结算

7.1.1 园林工程价款结算

园林工程结算根据施工阶段的不同，主要包括工程预付款和进度款的拨付以及竣工结算等内容。

1. 工程价款的主要结算方式

根据现行规定，工程价款可以根据不同情况采取多种方式进行结算。

（1）按月结算

按月结算即先预付工程备料款，在施工过程中按月结算工程进度款，竣工后进行竣工结算，我国现行建筑安装工程价款结算中，按月结算的方式应用较为普遍。

（2）竣工后一次结算

建设项目或单项工程全部建筑安装工程建设期均在 12 个月以内或者工程承包合同价值在 100 万元以下的，可实行工程价款竣工后一次结算。

（3）分段结算

分段结算即当年开工、当年不能竣工的单项工程或单位工程按照工程进度，划分不同阶段进行结算。分段结算可以按月预支工程款。实行竣工后一次结算和分段结算的工程，当年结算的工程款应与分年度的工作量一致，且年终不另清算。

（4）其他结算方式

结算双方约定的其他结算方式。

2. 工程预付款

（1）工程预付款及其额度

工程预付款是指建设工程施工合同订立后由发包人按照合同约定，在正式开工前预先支付给承包人的工程款。工程预付款是施工准备和所需要材料、结构件等流动资金的主要来源，国内习惯称之为预付备料款。工程预付款的具体事宜由承发包双方根据建设行政主管部门的规定，结合工程款、建设工期和包工包料情况在合同中约定。

对于工程预付款额度，各地区、各部门的规定不完全相同，主要是为确保施工所需材料和构件的正常储备。工程预付款通常是根据施工期、园林工程工作量、主要材料和构件费用占园林工程工作量的比例以及材料储备周期等因素经测算来确定。工程预付款的确定方法通常有以下两种：

1）在合同中约定。发包人根据工程的特点、工期长短、市场行情、供求规律等因素，招标时在合同中约定工程预付款的百分比。

2）公式计算法。公式计算法是根据主要材料（含结构件等）占年度承包工程总价的比重、材料储备定额天数和年度施工天数等因素，通过公式计算预付备料款额度的一种方法。

其计算公式是：

$$工程预付款数额 = \frac{工程总价 \times 材料比重（\%）}{年度施工天数} \times 材料储备定额天数 \tag{7-1}$$

$$工程预付款比例 = \frac{工程预付款数额}{工程总价} \times 100\% \tag{7-2}$$

式中　年度施工天数——按 365 天日历天计算；

材料储备定额天数——由当地材料供应的在途天数、加工天数、整理天数、供应间隔天数、保险天数等因素决定。

【例 7-1】某小区园林工程总造价 720 万元，其中主要材料、构件所占比重为 62%，材料储备定额天数为 55d。问工程预付款为多少万元？

【解】

按工程预付款数额计算公式计算：

$$工程预付款 = \frac{720 \times 62\%}{365} \times 55 = 67.3（万元）$$

因此，工程预付款为 67.3 万元。

（2）工程预付款的扣回

发包人支付给承包人的工程预付款的性质是预支款项。随着工程进度的推进，拨付的工程进度款数额不断增加，工程所需主要材料、构件的用量逐渐减少，原已支付的预付款应以抵扣的方式予以陆续扣回。常用的扣款方法如下：

1）由发包人和承包人通过洽商采用合同的形式予以确定，可采用等比率或等额扣款的方式，也可针对工程实际情况具体处理，若有些工程工期较短、造价较低，则无需分期扣还，而在竣工结算时一并扣回。而有些工期较长，如跨年度工程，其备料款的占用时间很长，可根据需要可以少扣或不扣。

2）从未施工工程尚需的主要材料及构件的价值相当于工程预付款数额时扣起，从每次中间结算工程价款中，按材料及构件比重扣抵工程价款，至竣工之前全部扣清。因此，确定起扣点是工程预付款起扣的关键。

确定工程预付款起扣点的依据是：未完施工工程所需主要材料和构件的费用，等于工程预付款的数额。

工程预付款起扣点可按下式计算：

$$T = P - \frac{M}{N} \tag{7-3}$$

式中　T——起扣点，即工程预付款开始扣回的累计完成工程金额；

P——承包工程合同款总额；

M——工程预付款数额；

N——主要材料、构件所占比重。

【例 7-2】某小区园林工程中，按【例 7-1】中预付款计算，起扣点应为多少万元？

【解】

按起扣点计算公式：

$$T = P - \frac{M}{N} = 720 - \frac{67.3}{62\%} = 611.5 \text{（万元）}$$

则当工程完成 611.5 万元时，本项工程预付款开始起扣。

3. 工程进度款

（1）工程进度款的计算

工程进度款的计算主要涉及两个方面：一是工程量的计量；二是单价的计算方法。

单价的计算方法主要是根据由发包人和承包人事先约定的工程价格的计价方法来确定。目前在我国，工程价格的计价方法可以分为工料单价法和综合单价法两种方法：

1）工料单价法是指单位工程分部分项的单价为直接成本单价，按现行计价定额的人工、材料、机械的消耗量及其预算价格来确定，其他的直接成本、间接成本、利润、税金等按现行计算方法来计算。

2）综合单价法是指单位工程分部分项工程量的单价是全部费用单价，其既包括直接成本，也包括间接成本、利润、税金等一切费用。在具体应用时，既可采取可调价格的方式（即工程价格在实施期间可随价格变化而调整），也可采取固定价格的方式（即工程价格在实施期间不因价格变化而调整），在工程价格中已考虑价格风险因素，并在合同中明确了固定价格所包括的内容和范围。

（2）工程进度款的支付

工程进度款的支付通常按当月实际完成工程量进行结算，工程竣工后办理竣工结算。在工程竣工前，承包人收取的工程预付款和进度款的总额通常不超过合同总额（包括工程合同签订后经发包人签证认可的增减工程款）的 95%，其余 5% 尾款在工程竣工结算时除保修金外一并清算。

【例 7-3】某园林工程承包合同总额为 720 万元，主要材料及结构件金额占合同总额的 62%，预付备料款额度为 25%，预付款扣款的方法是以未施工工程尚需的主要材料及构件的价值相当于预付款数额时起扣，从每次中间结算工程价款中，按材料及构件比重抵扣工程价款。保留金为合同总额的 4%。2007 年上半年各月实际完成合同价值如表 7-1 所示。问如何按月结算工程款？

各月完成合同价值（单位：万元）　　　　　　　　　　表 7-1

月　　份	2 月	3 月	4 月	5 月	6 月
完成合同价值	65	130	175	230	120

【解】

（1）计算预付备料款：$720 \times 25\% = 180$（万元）

（2）求预付备料款的起扣点：

开始扣回预付备料款时的合同价值 $= 720 - \dfrac{180}{62\%} = 720 - 290.3 = 429.7$（万元）

即当累计完成合同价值为 430 万元后，开始扣回预付款。

（3）2 月完成合同价值 65 万元，结算 65 万元。

（4）3月完成合同价值130万元，结算130万元，累计结算工程款195万元。

（5）4月完成合同价值175万元，结算175万元，累计结算工程款370万元。

（6）5月完成合同价值230万元，到4月份累计完成合同价值600万元，超过了预付备料款的起扣点。

5月应扣回的预付备料款：（600－429.7）×62％＝105.6（万元）

5月结算工程款：230－105.6＝124.4（万元），累计结算工程款494.4万元。

（7）6月完成合同价值120万元，应扣回预付备料款：120×62％＝74.4（万元），应扣5％的预留款：720×7％＝28.8（万元）。

6月结算工程款为：120－74.4－28.8＝16.8（万元），累计结算工程款511.2万元，加上预付备料款180万元，共结算691.2万元。预留合同总额的4％即28.8万元作为保留金。

7.1.2 园林工程竣工结算

1. 工程竣工结算的内容

工程竣工结算时需要重点考虑在施工过程中工程量的变化、价格的调整等内容，见表7-2。

工程竣工结算的内容 表7-2

序号	项 目	内 容
1	工程量增减调整	工程量增减调整是指所完成的实际工程量与施工图预算工程量之间的差额，即量差。量差主要表现在以下几个方面： 1. 设计变更和漏项。因实际图样修改和漏项等产生的工程量增减，可依据设计变更通知书进行调整 2. 现场工程更改。实际工程中施工方法出现不符、基础超深等均可根据双方签证的现场记录，按照合同或协议的规定进行调整 3. 施工图预算错误。在编制竣工结算前，应结合工程的验收和实际完成工程量的情况，对施工图预算中存在的错误予以纠正
2	价差调整	工程竣工结算可按照地方预算定额或基价表的单价编制，因当地造价部门文件调整发生的人工、计价材料和机械费用的价差均可以在竣工结算时加以调整。未计价材料则可根据合同或协议的规定，按实际调整价差
3	费用调整	1. 属于工程数量的增减变化，需要相应调整安装工程费的计算 2. 属于价差的因素，通常不调整安装工程费，但要计入计费程序中，即该费用应反映在总造价中 3. 属于其他费用，如停窝工费用、大型机械进出场费用等，应根据各地区定额和文件规定一次结清，分摊到工程项目中去

2. 工程竣工结算的编制方式

工程竣工结算的编制方式见表7-3。

3. 工程竣工结算方法

工程竣工结算的编制，因承包方式的不同而有所不同，其结算方法均应根据各省市建设工程造价（定额）管理部门、当地园林管理部门和施工合同管理部门的有关规定办理

序号	方 式	内 容
1	决标或议标后的合同价加签证结算方式	1. 合同价。经过建设单位、园林施工企业、招投标主管部门对标底和投标报价进行综合评定后确定的中标价，以合同的形式固定下来 2. 变更增减账等。对合同中未包括的条款或出现的一些不可预见费，在施工过程中由于工程变更所增、减的费用，经建设单位或监理工程师签证后，与原中标合同价一起结算
2	施工图概（预）算加签证结算方式	1. 施工图概（预）算。这种结算方式适用于小型园林工程，一般是以经建设单位审定后的施工图概（预）算作为工程竣工结算的依据 2. 变更增减账等。凡施工图概（预）算未包括的，在施工过程中工程变更所增减的费用，各种材料（构配件）预算价格与实际价的差价等，经建设单位或监理工程师签证后，与审定的施工图预算一起在竣工结算中进行调整
3	预算包干结算方式	预算包干结算（也称施工图预算加系数包干结算）的公式为： 结算工程造价 = 经施工单位审定后的施工图预算造价 × （1 + 包干系数） (7-4) 在签订合同时，要明确预算外包干系数、包干内容及范围。包干费通常不包括因下列原因增加的费用： 1. 在原施工图外增加建设面积 2. 工程结构设计变更、标准提高，非施工原因的工艺流程的改变等 3. 隐蔽性工程的基础加固处理 4. 非人为因素所造成的损失
4	平方米造价包干的结算方式	平方米造价包干结算是双方根据一定的工程资料，事先协商好每平方米造价指标后，乘以建设面积计算工程造价进行结算的方式。其公式为： 结算工程造价 = 建设面积 × 每平方米造价 (7-5) 这种方式适用于广场铺装、草坪铺设等

工程结算。常用的结算方法有以下几种：

（1）在中标价格基础上进行调整

采用招标方式承包工程结算原则上应以中标价（议标价）为基础进行，如工程施工过程中有较大设计变更、材料价格的调整、合同条款规定允许调整的或当合同条文规定不允许调整但非施工企业原因发生中标价格以外的费用时，承发包双方应签订补充合同或协议，在编制竣工结算时，应按本地区主管部门的规定，在中标价格基础上进行调整。

（2）在施工图预算基础上进行调整

以原施工图预算为基础，对施工中发生的设计变更、原预算书与实际不相符以及经济政策的变化等，编制变更增减账，根据增减的内容对施工图预算进行调整。其具体增减的内容主要包括：工程量的增减，各种人、材、机价格的变化和各项费用的调整等。

（3）在结算时不再调整

采用施工图概（预）算加包干系数和平方米造价包干方式进行工程结算，通常在承包合同中已分清了承发包单位之间的义务和经济责任，因此，不再办理施工过程中所承包范围内的经济洽商，在工程结算时不再办理增减调整。工程竣工后，仍以原预算加系数或平方米造价包干进行结算。

采用上述结算方式时，必须对工程施工期内各种价格变化进行预测，获得一个综合系数（即风险系数）。采用这种做法，承包或发包方均需承担很大的风险，因此，只适用于建设面积小、施工项目单一、工期短的园林工程，而对工期较长、施工项目复杂、材料品种多的园林工程不宜采用这种方式。

4. 工程竣工结算的审查

竣工结算编制后应有严格的审查。通常工程竣工结算的审查应从以下几个方面着手：

（1）核对合同条款

1）应核对竣工工程内容是否符合合同条件要求，工程是否竣工验收合格，只有按合同要求完成全部工程并验收合格才能竣工结算。

2）应按合同规定的结算方法、计价定额、取费标准、主材价格和优惠条款等，对工程竣工结算进行审核。

3）若发现合同开口或有漏洞，应请建设单位与施工单位认真研究，明确结算要求。

（2）检查隐蔽验收记录

所有隐蔽工程均应进行验收，并且由两人以上签证。实行工程监理的项目应经监理工程师签证确认。审核竣工结算时应核对隐蔽工程施工记录和验收签证，手续完整，工程量与竣工图一致方可列入结算。

（3）落实设计变更签证

设计修改变更应有原设计单位出具的设计变更通知单和修改的设计图纸、校审人员签字并加盖公章，经建设单位和监理工程师审查同意、签证。重大设计变更应经原审批部门审批，否则不应列入结算。

（4）按图核实工程数量

竣工结算的工程量应依据竣工图、设计变更单和现场签证等进行核算，并按国家统一规定的计算规则计算其工程量。

（5）执行定额单价

结算单价应按合同约定或招标规定的计价定额与计价原则来确定。

（6）防止各种计算误差

工程竣工结算子目多、篇幅大，往往有计算误差，应认真核算，以防因计算误差多计或少计。

7.2 园林工程竣工决算

7.2.1 园林工程竣工决算的内容

园林工程竣工决算是园林工程从筹建到竣工使用全过程中发生的所有实际支出，包括设备工器具购置费、建筑安装工程费以及其他费用等。在建设项目或单项工程完工后，由建设单位财务及相关部门，以竣工结算、前期工程费用等资料为基础进行编制。竣工决算全面反映了建设项目或单项工程从筹建到竣工使用全过程中各项资金的使用情况和设计概（预）算执行的结果，是考核建设成本的重要依据。竣工决算主要内容见表7-4。

表 现 形 式	内 容
文字说明	1. 工程概况 2. 设计概算和建设项目计划的执行情况 3. 各项技术经济指标完成情况及各项资金使用情况 4. 建设工期、建设成本、投资效果等
竣工工程概况表	将设计概算的主要指标与实际完成的各项主要指标进行对比，可采用表格的形式
竣工财务决算表	用表格形式反映出资金来源与资金运用情况
交付使用财产明细表	交付使用的园林项目中固定资产的详细内容，不同类型的固定资产应相应采用不同形式的表格

7.2.2　园林工程竣工决算的编制

1. 竣工决算的编制依据

（1）经批准的可行性研究报告及其投资估算。

（2）经批准的初步设计或扩大初步设计及其概算或修正概算。

（3）经批准的施工图设计及其施工图预算。

（4）设计交底或图纸会审纪要。

（5）招投标的标底、承包合同、工程结算资料。

（6）竣工图及各种竣工验收资料。

（7）设备、材料调价文件和调价记录。

（8）有关财务核算制度、办法和其他有关资料、文件等。

2. 竣工决算的编制步骤

竣工决算的编制的步骤如下：

（1）收集、整理、分析原始资料。

（2）对照、核实工程变动情况，重新核实各单位工程、单项工程造价。

（3）将审定后的待摊投资、设备工器具投资、建筑安装工程投资、工程建设其他投资严格划分和核定后，分别计入相应的建设成本栏目内。

（4）编制竣工财务决算说明书，力求内容全面、简明扼要、文字流畅、说明问题。

（5）填报竣工财务决算报表。

（6）做好工程造价对比分析。

（7）清理、装订好竣工图。

（8）按国家规定上报、审批、存档。

附录 A 工程量清单计价常用表格格式及填制说明

_____ 工程

招标工程量清单

招　标　人：_____
（单位盖章）

造价咨询人：_____
（单位盖章）

年　　月　　日

_____ 工程

招 标 控 制 价

招 标 人：_____

（单位盖章）

造价咨询人：_____

（单位盖章）

年　　月　　日

_____ 工程

投 标 总 价

投 标 人：_____
（单位盖章）

年　　月　　日

_____ 工程

竣 工 结 算 书

发 包 人：_____
（单位盖章）

承 包 人：_____
（单位盖章）

造价咨询人：_____
（单位盖章）

年　月　日

封-4

214

_____ 工程

编号：×××〔2×××〕××号

工程造价鉴定意见书

造价咨询人：_____

（单位盖章）

年　　月　　日

_____ 工程

招标工程量清单

招标人：_____   造价咨询人：_____

  （单位盖章）   （单位资质专用章）

法定代表人   法定代表人

或其授权人：_____   或其授权人：_____

   （签字或盖章）   （签字或盖章）

编 制 人：_____   复 核 人：_____

  （造价人员签字盖专用章）   （造价工程师签字盖专用章）

编制时间： 年 月 日   复核时间： 年 月 日

扉-1

_____ 工程

招 标 控 制 价

招标控制价（小写）：_____

　　　　　（大写）：_____

招标人：_____
　　（单位盖章）

造价咨询人：_____
　　　　（单位资质专用章）

法定代表人
或其授权人：_____
　　（签字或盖章）

法定代表人
或其授权人：_____
　　　（签字或盖章）

编　制　人：_____
　（造价人员签字盖专用章）

复　核　人：_____
　（造价工程师签字盖专用章）

编制时间：　年　月　日　　　　复核时间：　年　月　日

投 标 总 价

招 标 人：_____

工 程 名 称：_____

投标总价（小写）：_____

（大写）：_____

投 标 人：_____

（单位盖章）

法定代表人
或其授权人：_____

（签字或盖章）

编 制 人：_____

（造价人员签字盖专用章）

编制时间： 年 月 日

扉-3

_____ 工程

竣工结算总价

签约合同价（小写）：_____ （大写）：_____

竣工结算价（小写）：_____ （大写）：_____

发包人：_____　　　　承包人：_____　　　　造价咨询人：_____
　（单位盖章）　　　　　　　（单位盖章）　　　　　　　（单位资质专用章）

法定代表人　　　　　　　法定代表人　　　　　　　法定代表人
或其授权人：_____　或其授权人：_____　或其授权人：_____
　（签字或盖章）　　　　　　（签字或盖章）　　　　　　（签字或盖章）

编　制　人：_____　　　核　对　人：_____
　（造价人员签字盖专用章）　　　　　　（造价工程师签字盖专用章）

编制时间：　年　月　日　　　　　核对时间：　年　月　日

_____ 工程

工程造价鉴定意见书

鉴定结论:

造价咨询人: _____

                                  （盖单位章及资质专用章）

法定代表人: _____

                                  （签字或盖章）

造价工程师: _____

                                  （签字盖专用章）

年   月   日

扉-5

总　说　明

工程名称：　　　　　　　　　　　　　　　　　　　　　　

表-01

建设项目招标控制价/投标报价汇总表

工程名称：　　　　　　　　　　　　　　　　　　　　　　第　页　共　页

序号	单项工程名称	金额/元	其中：/元		
			暂估价	安全文明施工费	规费
合　　计					

注：本表适用于建设项目招标控制价或投标报价的汇总。

表-02

单项工程招标控制价/投标报价汇总表

工程名称：　　　　　　　　　　　　　　　　　　　　　　第　页　共　页

序号	单项工程名称	金额/元	其中：/元		
			暂估价	安全文明施工费	规费
合　　计					

注：本表适用于单项工程招标控制价或投标报价的汇总。暂估价包括分部分项工程中的暂估价和专业工程暂估价。

表-03

221

单位工程招标控制价/投标报价汇总表

工程名称：　　　　　　　　　　　标段：　　　　　　　　　　第　页　共　页

序号	汇　总　内　容	金额/元	其中：暂估价/元
1	分部分项工程		
1.1			
1.2			
1.3			
1.4			
1.5			
2	措施项目		—
2.1	其中：安全文明施工费		—
3	其他项目		—
3.1	其中：暂列金额		—
3.2	其中：专业工程暂估价		—
3.3	其中：计日工		—
3.4	其中：总承包服务费		—
4	规费		—
5	税金		—
招标控制价合计 = 1 + 2 + 3 + 4 + 5			

注：本表适用于单位工程招标控制价或投标报价的汇总，单项工程也使用本表汇总。

表-04

建设项目竣工结算汇总表

工程名称：　　　　　　　　　　　　　　　　　　　　第　页　共　页

序号	单项工程名称	金额/元	其中：/元	
			安全文明施工费	规费
	合　计			

表-05

单项工程竣工结算汇总表

工程名称：   第 页 共 页

序号	单位工程名称	金额/元	其中：/元	
			安全文明施工费	规费
合　计				

表-06

单位工程竣工结算汇总表

工程名称：   标段：   第 页 共 页

序号	汇　总　内　容	金额/元
1	分部分项工程	
1.1		
1.2		
1.3		
1.4		
1.5		
2	措施项目	
2.1	其中：安全文明施工费	
3	其他项目	
3.1	其中：专业工程结算价	
3.2	其中：计日工	
3.3	其中：总承包服务费	
3.4	其中：索赔与现场签证	
4	规费	
5	税金	
竣工结算总价合计 = 1 + 2 + 3 + 4 + 5		

注：如无单位工程划分，单项工程也使用本表汇总。

表-07

分部分项工程和单价措施项目清单与计价表

工程名称： 标段： 第 页 共 页

序号	项目编码	项目名称	项目特征描述	计量单位	工程量	金 额/元		
						综合单价	合价	其中
								暂估价
本页小计								
合 计								

注：为计取规费等的使用，可在表中增设其中："定额人工费"。

表-08

综合单价分析表

工程名称： 标段： 第 页 共 页

项目编码		项目名称		计量单位		工程量	
清单综合单价组成明细							

定额编号	定额项目名称	定额单位	数量	单 价				合 价			
				人工费	材料费	机械费	管理费和利润	人工费	材料费	机械费	管理费和利润
人工单价			小 计								
元/工日			未计价材料费								
清单项目综合单价											

材料费明细	主要材料名称、规格、型号		单位	数量	单价/元	合价/元	暂估单价/元	暂估合价/元
	其他材料费		—	—			—	
	材料费小计		—	—			—	

注：1. 如不使用省级或行业建设主管部门发布的计价依据，可不填定额编号、名称等。

2. 招标文件提供了暂估单价的材料，按暂估的单价填入表内"暂估单价"栏及"暂估合价"栏。

表-09

224

综合单价调整表

工程名称：　　　　　　　　　　　标段：　　　　　　　　　　　　　　第　页　共　页

序号	项目编码	项目名称	已标价清单综合单价/元					调整后综合单价/元				
			综合单价	其中				综合单价	其中			
				人工费	材料费	机械费	管理费和利润		人工费	材料费	机械费	管理费和利润
造价工程师（签章）：发包人代表（签章）： 日期：					造价人员（签章）：发包人代表（签章）： 日期：							

注：综合单价调整应附调整依据。

表-10

总价措施项目清单与计价表

工程名称：　　　　　　　　　　　标段：　　　　　　　　　　　　　　第　页　共　页

序号	项目编码	项目名称	计算基础	费率/%	金额/元	调整费率/%	调整后金额/元	备注
		安全文明施工费						
		夜间施工增加费						
		二次搬运费						
		冬雨期施工增加费						
		已完工程及设备保护费						
合　计								

编制人（造价人员）：　　　　　　　　　　　　　复核人（造价工程师）：

注：1. "计算基础"中安全文明施工费可为"定额基价"、"定额人工费"或"定额人工费 + 定额机械费"，其他
　　项目可为"定额人工费"或"定额人工费 + 定额机械费"。

　　2. 按施工方案计算的措施费，若无"计算基础"和"费率"的数值，也可只填"金额"数值，但应在备注
　　栏说明施工方案出处或计算方法。

表-11

其他项目清单与计价汇总表

工程名称： 标段： 第 页 共 页

序号	项目名称	金额/元	结算金额/元	备注
1	暂列金额			明细详见表-12-1
2	暂估价			
2.1	材料（工程设备）暂估价/结算价	—	—	明细详见表-12-2
2.2	专业工程暂估价/结算价			明细详见表-12-3
3	计日工			明细详见表-12-4
4	总承包服务费			明细详见表-12-5
5	索赔与现场签证	—		明细详见表-12-6
	合　计			—

注：材料（工程设备）暂估价进入清单项目综合单价，此处不汇总。

表-12

暂列金额明细表

工程名称： 标段： 第 页 共 页

序号	项目名称	计量单位	暂定金额/元	备注
1				
2				
3				
4				
5				
6				
	合　计			—

注：此表由招标人填写，如不能详列，也可只列暂定金额总额，投标人应将上述暂列金额计入投标总价中。

表-12-1

材料（工程设备）暂估单价及调整表

工程名称：　　　　　　　　　　标段：　　　　　　　　　第　页　共　页

序号	材料（工程设备）名称、规格、型号	计量单位	数量		暂估/元		确认/元		差额±/元		备注
			暂估	确认	单价	合价	单价	合价	单价	合价	
合　计											

注：此表由招标人填写"暂估单价"，并在备注栏说明暂估价的材料、工程设备拟用在哪些清单项目上，投标人
　　应将上述材料暂估单价计入工程量清单综合单价报价中。

表-12-2

专业工程暂估价及结算价表

工程名称：　　　　　　　　　　标段：　　　　　　　　　第　页　共　页

序号	工程名称	工程内容	暂估金额/元	结算金额/元	差额±/元	备注
合　计						

注：此表"暂估金额"由招标人填写，投标人应将"暂估金额"计入投标总价中，结算时按合同约定结算金额
　　填写。

表-12-3

计 日 工 表

工程名称：　　　　　　　　　　标段：　　　　　　　　　　　第 页 共 页

编号	项目名称	单位	暂定数量	实际数量	综合单价/元	合价/元	
						暂定	实际
一	人工						
1							
2							
人工小计							
二	材料						
1							
2							
材料小计							
三	施工机械						
1							
2							
施工机械小计							
四、企业管理费和利润							
总　计							

注：此表项目名称、暂定数量由招标人填写，编制招标控制价时，单价由招标人按有关计价规定确定；投标时，
　单价由投标人自主报价，按暂定数量计算合价计入投标总价中。结算时，按发承包双方确认的实际数量计算
　合价。

表-12-4

总承包服务费计价表

工程名称：　　　　　　　　　　标段：　　　　　　　　　　　第 页 共 页

序号	项目名称	项目价值/元	服务内容	计算基础	费率/%	金额/元
1	发包人发包专业工程					
2	发包人供应材料					
合　计		—	—	—	—	

注：此表项目名称、服务内容有招标人填写，编制招标控制价时，费率及金额由招标人按有关计价规定确定；
　投标时，费率及金额由投标人自主报价，计入投标总价中。

表-12-5

索赔与现场签证计价汇总表

工程名称：　　　　　　　　　　标段：　　　　　　　　　　第　页　共　页

序号	签证及索赔项目名称	计量单位	数量	单价/元	合价/元	索赔及签证依据
—	本页小计	—	—	—		—
—	合　计	—	—	—		—

注：签证及索赔依据是指经双方认可的签证单和索赔依据的编号。

表-12-6

费用索赔申请（核准）表

工程名称：　　　　　　　　标段：　　　　　　　　编号：

致：_____（发包人全称）

　　根据施工合同条款第_____条的约定，由于_____原因，我方要求索赔金额（大写）_____（小写_____），请予核准。

附：1. 费用索赔的详细理由和依据：

　　2. 索赔金额的计算：

　　3. 证明材料：

承包人（章）

造价人员_____承包人代表_____　　　　日　期_____

复核意见：

　　根据施工合同条款第_____条的约定，你方提出的费用索赔申清经复核：

□不同意此项索赔，具体意见见附件。

□同意此项索赔，索赔金额的计算，由造价工程师复核。

监理工程师_____

日　期_____

复核意见：

　　根据施工合同条款第_____条的约定，你方提出的费用索赔申请经复核，索赔金额为（大写）_____（小写_____）。

造价工程师_____

日　期_____

审核意见：

□不同意此项索赔。

□同意此项索赔，与本期进度款同期支付。

发包人（章）

发包人代表_____

日　期_____

注：1. 在选择栏中的"□"内作标识"√"。

　　2. 本表一式四份，由承包人填报，发包人、监理人、造价咨询人、承包人各存一份。

表-12-7

现场签证表

工程名称：　　　　　　　　　　标段：　　　　　　　　　　编号：

施工单位		日期	

致：＿＿＿＿＿＿＿＿＿＿＿＿＿＿＿＿＿＿＿＿＿＿＿＿＿＿＿＿＿＿＿（发包人全称）

　　根据＿＿＿＿＿＿（指令人姓名）＿＿＿＿年＿＿＿月＿＿＿日的口头指令或你方＿＿＿＿＿＿（或监理人）＿＿＿＿＿＿＿年＿＿＿＿月＿＿＿＿日的书面通知，我方要求完成此项工作应支付价款金额为（大写）＿＿＿＿＿＿＿＿＿＿（小写＿＿＿＿＿＿），请予核准。

附：1. 签证事由及原因：

　　2. 附图及计算式：

　　　　　　　　　　　　　　　　　　　　　　　　　承包人（章）

造价人员＿＿＿＿＿＿＿＿＿承包人代表＿＿＿＿＿＿＿＿　　日　　期＿＿＿＿＿＿＿＿

复核意见： 　　你方提出的此项签证申请经复核： 　　□不同意此项签证，具体意见见附件。 　　□同意此项签证，签证金额的计算，由造价工程师复核。	复核意见： 　　□此项签证按承包人中标的计日工单价计算，金额为（大写）＿＿＿＿＿＿元，（小写）＿＿＿＿元。 　　□此项签证因无计日工单价，金额为（大写）＿＿＿＿＿＿元，（小写）＿＿＿＿元。
监理工程师＿＿＿＿＿ 　　　　　　　　日　　期＿＿＿＿＿	造价工程师＿＿＿＿＿ 　　　　　　　　日　　期＿＿＿＿＿

审核意见：

　　□不同意此项签证。

　　□同意此项签证，价款与本期进度款同期支付。

　　　　　　　　　　　　　　　　　　　　　　　　　承包人（章）

　　　　　　　　　　　　　　　　　　　　　　　　　承包人代表＿＿＿＿＿＿

　　　　　　　　　　　　　　　　　　　　　　　　　日　　期＿＿＿＿＿＿

注：1. 在选择栏中的"□"内作标识"√"。

　　2. 本表一式四份，由承包人在收到发包人（监理人）的口头或书面通知后填写，发包人、监理人、造价咨询人、承包人各存一份。

表-12-8

规费、税金项目计价表

工程名称：　　　　　　　　　标段：　　　　　　　　　第　页　共　页

序号	项目名称	计算基础	计算基数	计算费率/%	金额/元
1	规费	定额人工费			
1.1	社会保险费	定额人工费			
(1)	养老保险费	定额人工费			
(2)	失业保险费	定额人工费			
(3)	医疗保险费	定额人工费			
(4)	工伤保险费	定额人工费			
(5)	生育保险费	定额人工费			
1.2	住房公积金	定额人工费			
1.3	工程排污费	按工程所在地环境保护部门收取标准，按实计入			
2	税金	分部分项工程费＋措施项目费＋其他项目费＋规费－按规定不计税的工程设备金额			
合　计					

编制人（造价人员）：　　　　　　　　　　　　　　　　复核人（造价工程师）：

表-13

工程计量申请（核准）表

工程名称：　　　　　　　　　标段：　　　　　　　　　第　页　共　页

序号	项目编码	项目名称	计量单位	承包人申报数量	发包人核实数量	发承包人确认数量	备注

承包人代表： 日　期：	监理工程师： 日　期：	造价工程师： 日　期：	发包人代表： 日　期：

表-14

预付款支付申请（核准）表

工程名称：　　　　　　　　　　标段：　　　　　　　　　编号：

致：　　　　　　　　　　　　　　　　　　　　　　　　　（发包人全称）

　　我方根据施工合同的约定，先申请支付工程预付款额为（大写）　　　　　　　　　　（小写　　　　），
请予核准。

序号	名　　　　称	申请金额/元	复核金额/元	备注
1	已签约合同价款金额			
2	其中：安全文明施工费			
3	应支付的预付款			
4	应支付的安全文明施工费			
5	合计应支付的预付款			

承包人（章）

造价人员　　　　　　　　承包人代表　　　　　　　　　　　日　期　　　　　　

复核意见：

□与合同约定不相符，修改意见见附件。

□与合约约定相符，具体金额由造价工程师复核。

监理工程师　　　　　　

日　　期　　　　　　

复核意见：

　　你方提出的支付申请经复核，应支付预付款金额为
（大写）　　　　　　　　（小写　　　　）。

造价工程师　　　　　　

日　　期　　　　　　

审核意见：

□不同意。

□同意，支付时间为本表签发后的15d内。

发包人（章）

发包人代表　　　　　　

日　　期　　　　　　

注：1. 在选择栏中的"□"内作标识"√"。

　　2. 本表一式四份，由承包人填报，发包人、监理人、造价咨询人、承包人各存一份。

表-15

232

总价项目进度款支付分解表

工程名称：   标段：   单位：元

序号	项目名称	总价金额	首次支付	二次支付	三次支付	四次支付	五次支付	
	安全文明施工费							
	夜间施工增加费							
	二次搬运费							
	社会保险费							
	住房公积金	.						
	合　计							

编制人（造价人员）：   复核人（造价工程师）：

注：1. 本表应由承包人在投标报价时根据发包人在招标文件明确的进度款支付周期与报价填写，签订合同时，发承包双方可就支付分解协商调整后作为合同附件。

2. 单价合同使用本表，"支付"栏时间应与单价项目进度支付周期相同。

3. 总价合同使用本表，"支付"栏时间应与约定的工程计量周期相同。

表-16

进度款支付申请（核准）表

工程名称：　　　　　　　　　　　　　标段：　　　　　　　　　　编号：

致：_____（发包人全称）

我方于_____至_____期间已完成了_____工作，根据施工合同的约定，现申请支付本期的工程款额为（大写）_____（小写_____），请予核准。

序号	名　　称	实际金额/元	申请金额/元	复核金额/元	备注
1	累计已完成的合同价款				
2	累计已实际支付的合同价款				
3	本周期合计完成的合同价款				
3.1	本周期已完成单价项目的金额				
3.2	本周期应支付的总价项目的金额				
3.3	本周期已完成的计日工价款				
3.4	本周期应支付的安全文明施工费				
3.5	本周期应增加的合同价款				
4	本周期合计应扣减的金额				
4.1	本周期应抵扣的预付款				
4.2	本周期应扣减的金额				
5	本周期应支付的合同价款				

附：上述3、4详见附件清单。

承包人（章）

造价人员_____承包人代表_____　　日　期_____

复核意见： □与实际施工情况不相符，修改意见见附件。 □与实际施工情况相符，具体金额由造价工程师复核。 　　　　　　　监理工程师_____ 　　　　　　　日　期_____	复核意见： 　　你方提供的支付申请经复核，本期间已完成工程款额为（大写）_____（小写_____），本期间应支付金额为（大写）_____（小写_____）。 　　　　　　　造价工程师_____ 　　　　　　　日　期_____

审核意见：

□不同意。

□同意，支付时间为本表签发后的15d内。

　　　　　　　　　　　　　　　　　　　　　　　　　　发包人（章）

　　　　　　　　　　　　　　　　　　　　　　　　　　发包人代表_____

　　　　　　　　　　　　　　　　　　　　　　　　　　日　期_____

注：1. 在选择栏中的"□"内作标识"√"。

　　2. 本表一式四份，由承包人填报，发包人、监理人、造价咨询人、承包人各存一份。

表-17

竣工结算款支付申请（核准）表

工程名称　　　　　　　　　标段：　　　　　　　　　　　编号：

致：＿＿＿＿＿＿＿＿＿＿＿＿＿＿＿＿＿＿＿＿＿＿＿＿＿＿＿＿＿＿＿＿（发包人全称）

　　我方于＿＿＿＿＿＿至＿＿＿＿＿＿期间已完成合同约定的工作，工程已经完工，根据施工合同的约定，现申请支付竣工结算合同款额为（大写）＿＿＿＿＿＿＿＿＿＿（小写＿＿＿＿），请予核准。

序号	名　　　称	申请金额/元	复核金额/元	备注
1	竣工结算合同价款总额			
2	累计已实际支付的合同价款			
3	应预留的质量保证金			
4	应支付的竣工结算款金额			

承包人（章）

造价人员＿＿＿＿＿＿＿承包人代表＿＿＿＿＿＿＿　　　　日　　期＿＿＿＿＿＿

复核意见：

□与实际施工情况不相符，修改意见见附件。

□与实际施工情况相符，具体金额由造价工程师复核。

　　　　　　　　　　监理工程师＿＿＿＿＿

　　　　　　　　　　日　　期＿＿＿＿＿

复核意见：

　　你方提出的竣工结算款支付申请经复核，竣工结算款总额为（大写）＿＿＿＿＿＿＿＿＿（小写＿＿＿＿），扣除前期支付以及质量保证金后应支付金额为（大写）＿＿＿＿＿＿＿＿＿（小写＿＿＿＿）。

　　　　　　　　　　造价工程师＿＿＿＿＿

　　　　　　　　　　日　　期＿＿＿＿＿

审核意见：

□不同意。

□同意，支付时间为本表签发后的 15d 内。

发包人（章）

发包人代表＿＿＿＿＿＿

日　　期＿＿＿＿＿＿

注：1. 在选择栏中的"□"内作标识"√"。

　　2. 本表一式四份，由承包人填报，发包人、监理人、造价咨询人、承包人各存一份。

表-18

235

最终结清支付申请（核准）表

工程名称：   标段：   编号：

致：_____（发包人全称）

我方于_____至_____期间已完成了缺陷修复工作，根据施工合同的约定，现申请支付最终结清合同款额为（大写）_____（小写_____），请予核准。

序号	名　　称	申请金额/元	复核金额/元	备注
1	已预留的质量保证金			
2	应增加因发包人原因造成缺陷的修复金额			
3	应扣减承包人不修复缺陷、发包人组织修复的金额			
4	最终应支付的合同价款			

承包人（章）

造价人员 _____ 承包人代表 _____

日　期 _____

复核意见：	复核意见：
□与实际施工情况不相符，修改意见见附件。 □与实际施工情况相符，具体金额由造价工程师复核。 监理工程师_____ 日　期 _____	你方提出的支付申请经复核，最终应支付金额为（大写）_____（小写_____）。 造价工程师_____ 日　期 _____

审核意见：

□不同意。

□同意，支付时间为本表签发后的15d内。

发包人（章）

发包人代表_____

日　期 _____

注：1. 在选择栏中的"□"内作标识"√"。

    2. 本表一式四份，由承包人填报，发包人、监理人、造价咨询人、承包人各存一份。

表-19

发包人提供材料和工程设备一览表

工程名称：　　　　　　　　　　标段：　　　　　　　　　　第　页　共　页

序号	材料(工程设备)名称、规格、型号	单位	数量	单价/元	交货方式	送达地点	备注

注：此表由招标人填写，供投标人在投标报价、确定总承包服务费时参考。

表-20

承包人提供主要材料和工程设备一览表
（适用于造价信息差额调整法）

工程名称：　　　　　　　　　　标段：　　　　　　　　　　第　页　共　页

序号	名称、规格、型号	单位	数量	风险系数/%	基准单价/元	投标单价/元	发承包人确认单价/元	备注

注：1. 此表由招标人填写除"投标单价"栏的内容，投标人在投标时自主确定投标单价。

　　2. 投标人应优先采用工程造价管理机构发布的单价作为基准单价，未发布的，通过市场调查确定其基准单价。

表-21

承包人提供主要材料和工程设备一览表

（适用于价格指数差额调整法）

工程名称：　　　　　　　　标段：　　　　　　　　　　第 页 共 页

序号	名称、规格、型号	变值权重 B	基本价格指数 F_0	现行价格指数 F_t	备注
定值权重 A			—	—	
合　　计		1	—	—	

注：1. "名称、规格、型号"、"基本价格指数"栏由招标人填写，基本价格指数应首先采用工程造价管理机构发布的工价格指数，没有时，可采用发布的价格代替。如人工、机械费也采用本法调整由招标人在"名称"栏填写。

2. "变值权重"栏由投标人根据该项人工、机械费和材料、工程设备值在投标总报价中所占的比例填写，1减去其比例为定值权重。

3. "现行价格指数"按约定的付款证书相关周期最后一天的前42d的各项价格指数填写，该指数应首先采用工程造价管理机构发布的价格指数，没有时，可采用发布的价格代替。

表-22

238

参 考 文 献

[1] 国家标准.《建设工程工程量清单计价规范》（GB 50500—2013）［S］. 北京：中国计划出版社，2013.

[2] 国家标准.《建设工程计价计量规范辅导》［M］. 北京：中国计划出版社，2013.

[3] 国家标准.《园林绿化工程工程量计算规范》（GB 50858—2013）［S］. 北京：中国计划出版社，2013.

[4] 法律出版社编著. 中华人民共和国招标投标法. 北京：法律出版社，1999.

[5] 法律出版社编著. 中华人民共和国招标投标法实施条例［M］. 北京：法律出版社，2012.

[6] 王景怀、土军霞主编. 园林绿化工程工程量计算手册［M］. 南京：江苏人民出版社，2011.

[7] 黄凯主编. 园林工程招投标与概预算［M］. 重庆：重庆大学出版社，2011.

[8] 陈捷主编. 建筑工程招投标与合同管理［M］. 河南：郑州大学出版社，2011.